本教材为“2022 年度广西高等教育本科教学改革工程项目
（具身认知视野下《设计手绘表现技法》融媒体教学资源开发
及创新运用研究）”成果之一，课题编号：2022JGB131

2024 年广西普通本科高校优秀教材二等奖
高等院校艺术与设计类专业“互联网+”创新规划教材

建筑·园林·室内设计

手 绘 效 果 图 技 法

（第3版）

胡华中　编著
宁绍强　夏克梁　主审

内 容 简 介

本书内容共分四章：第一章介绍手绘效果图的概念和意义、分类、本质及在建筑、室内、园林景观和城市规划设计中的作用；第二章介绍手绘工具和透视的训练方法等；第三章介绍室外空间手绘效果图表现技法，主要从园林景观、建筑设计等方面进行讲解，并配有大量优秀的空间手绘效果图作品；第四章介绍室内空间手绘效果图表现技法，并结合大量手绘效果图来讲解居住空间和商业空间的设计表现。

本书涉及范围广泛，内容详尽、讲解细致、语言朴实、图文并茂，并充分利用互联网优势，实现一体化和云教材的目标，很多手绘作品都配有讲解视频。

本书可作为本科院校和高职高专院校建筑学、室内设计、环境艺术设计、园林景观和城市规划等专业的教材，还可作为设计行业爱好者的自学参考用书。

图书在版编目 (CIP) 数据

建筑·园林·室内设计手绘效果图技法 / 胡华中编著．—3 版．—北京：北京大学出版社，2023.11
高等院校艺术与设计类专业“互联网 +”创新规划教材
ISBN 978-7-301-34660-0

Ⅰ．①建… Ⅱ．①胡… Ⅲ．①建筑画—绘画技法—高等学校—教材 Ⅳ．① TU204

中国国家版本馆 CIP 数据核字（2023）第 225562 号

书　　名	建筑·园林·室内设计手绘效果图技法（第 3 版） JIANZHU · YUANLIN · SHINEI SHEJI SHOUHUI XIAOGUOTU JIFA（DI–SAN BAN)
著作责任者	胡华中　编著
策划编辑	孙　明
责任编辑	史美琪
数字编辑	金常伟
标准书号	ISBN 978-7-301-34660-0
出版发行	北京大学出版社
地　　址	北京市海淀区成府路 205 号　100871
网　　址	http://www.pup.cn　　新浪微博：@ 北京大学出版社
电子邮箱	编辑部 pup6@pup.cn　　总编室 zpup@pup.cn
电　　话	邮购部 010-62752015　　发行部 010-62750672　　编辑部 010-62750667
印 刷 者	北京宏伟双华印刷有限公司
经 销 者	新华书店
	889 毫米 ×1194 毫米　16 开本　11 印张　265 千字
	2012 年 1 月第 1 版　2016 年 2 月第 2 版
	2023 年 11 月第 3 版　2025 年 6 月第 2 次印刷
定　　价	69.00 元

序　一

设计方案是一个从抽象理念到具体创意的表达过程，为了快速呈现出设计的创意构想，很多设计师选择用手绘效果图的形式来表现。手绘效果图能迅速捕捉设计师的灵感和创意思维，并能在短时间内经反复推敲而逐步完善设计方案，所以设计师常把手绘效果图作为快速记录瞬间的设计灵感和设计构思的重要表现手段。建筑设计、园林景观设计、室内设计等专业把手绘效果图技法作为设计基础教学的重要课程。

本书由广西师范大学设计学院年轻有为的中青年教师胡华中副教授编写，内容充实，见解独到，是胡老师多年以来孜孜不倦地投入设计手绘教学实践与研究中获得的成果。许多爱好设计手绘的校内外本科生及研究生都拜他为师，这些学生通过科学的学习及训练，手绘能力和水平都提高得很快，并将所学应用到实际的学习和工作中，顺利考上了研究生或毕业后找到了心仪的工作。实践证明，胡老师的手绘教学方法是行之有效的，学生通过科学的方法去学习、训练，必将事半功倍。

本书在怎样进行基础训练，如何掌握透视方法和马克笔技法，如何渲染画面氛围，如何完成较为满意的设计效果图等方面有详尽的讲解。本书还配备丰富的拓展知识和视频资料，以二维码形式呈现，根据课程应用性的特点，理论结合实践，重视设计手绘效果图技法的系统性讲解，具有较强的实践性和直观性。书中附有大量精美的手绘范例，大部分是胡老师本人多年设计和教学的积累，还有一部分是来自行业内朋友的设计手稿，实用性较强。相信本书的出版对设计基础教学及学生的设计表现能力会起到积极的指导作用，对从事设计方向的设计师也有一定的借鉴和参考作用。

是为序。

二级教授、广西师范大学设计学院名誉院长
中国工业设计协会设计教育分会副理事长
全国艺术专业学位（MFA）研究生教育指导委员会艺术设计领域专业委员会专家
广西高等学校设计类教学指导委员会副主任委员

2023 年 5 月

序　二

手绘的主要作用是记录和表达设计师瞬间的灵感和设计意图，是抽象思维图像化的一种方式，是一种意象的表达，更是一种图示语言。手绘是设计思维与绘画艺术的结合，设计师要建立在客观性与科学性的基础上，具备扎实的绘画基本功，需要经过长期、系统的训练才能驾驭。在高校学习专业期间是学生学习手绘的最好时机，而学习手绘更离不开优秀的教师和优质的教材。

胡华中博士是广西师范大学的副教授、硕士研究生导师、WTS 沃尔特斯景观公司创始人。教学和学术研究是他的主业，设计实践是他的副业。同时，他没有丢下他喜爱的手绘艺术，是一位手绘的践行者，常年沉浸于学术研究、设计实践和手绘教学中。在学术研究和设计实践中，他深知手绘对设计从业者的重要性，而有多年教学经验的他更懂得如何系统地引导学生学好手绘。

胡华中的手绘作品通常以钢笔、马克笔等为工具，采用先勾线后设色的方法进行表现，力求把线条、笔触的作用发挥到淋漓尽致。他笔下的建筑、园林、室内设计作品线条洒脱、飘逸，结构严谨，形体准确，画面松弛有度、虚实得当，无论在造型刻画、表现形式还是视觉效果上都达到了较高的艺术水准。他的手绘作品不仅蕴含着他丰富的绘图经验和绘画技巧，还渗透出他的艺术和文化修养。他将多年的手绘实践与教学相结合，由浅入深、由单体到整体、由训练到实践，使其编写的手绘教材具有系统性、实用性和艺术性。本书还穿插了大量的手绘视频，让学生在学习的过程中更容易上手和操作，具有极强的可观性、可感性、可学性。相信本书的出版能得到全国各大专业院校建筑、园林景观、室内设计等专业师生的认可和喜爱，希望它能成为学生学习手绘的好教材，也能成为手绘爱好者手中优质的工具书。

夏克梁

中国美术学院副教授、硕士研究生导师

中国美术家协会会员

全国艺术设计委员会手绘艺术研究中心主任

浙江水彩画家协会理事

2023 年 5 月

前 言

党的二十大报告提出，要“加快建设国家战略人才力量，努力培养造就更多大师、战略科学家、一流科技领军人才和创新团队、青年科技人才、卓越工程师、大国工匠、高技能人才”。手绘表现是设计专业一门重要的专业技能课程，手绘教学以培养具有创新型技能人才为目标。好的设计思想需要与之相适应的表现方式，从而更好地体现设计价值。手绘作为设计的一种重要表现手段，在设计领域充当着重要的角色。手绘通常是作者设计思想初衷的体现。俗话说：“心手相印，手脑结合。”手绘能及时捕捉设计者内心瞬间的思想火花，并且能和设计者的创意同步。在设计创作的探索和实践过程中，手绘可以生动形象地记录下设计者的创作激情，并把这种激情注入作品之中。另外，练习手绘可以提高设计者的空间感受能力和设计表现能力，还可以作为收集设计素材的途径。

本书在编写的过程中把握专业方向、突出重点、语言朴实、通俗易懂、深入浅出、训练方法科学有效，学生如果能坚持按照本书的训练方法进行训练，并把书中的手绘作品多临摹几遍，就可以在短时间内取得明显的进步。本书借助数字资源，建立了丰富的设计手绘案例资源库，以“互联网＋设计手绘效果图”的形式拓展教材案例和教学方法，还有手绘步骤详解、视频展示等，实用性较强。本书资源库中的设计手绘效果图案例大部分来自较新的设计案例，并通过互联网实现资源动态更新，充分体现教学资源的与时俱进。

本书获得了2022年广西师范大学教材建设立项，得到了广西师范大学职业技术师范学院领导的大力支持，另外，夏克梁、尚龙勇、文健、闫杰、吴世铿、陆守国、么冰儒老师为本书提供了许多优秀作品，在此一并表示感谢！

由于编著者水平有限，加之编写时间仓促，书中不足之处在所难免，恳请广大读者批评指正。

胡华中

2023年6月

目　录

【资源索引】

第一章　手绘效果图概述

训练要求和目标

要求：懂得分析手绘效果图的优点和缺点，识别优秀手绘效果图的本质特征，了解手绘效果图与实际设计的联系。

目标：从优秀的作品中找到学习兴趣，同时深刻认识到该课程对将来从事设计工作的重要性。

本章要点

手绘效果图的概念和意义。

手绘效果图的分类。

手绘效果图的本质。

手绘效果图在设计中的作用。

手绘效果图作为一种表达设计思想的视觉语言，设计师用它来实现设计意图，并把它作为与他人沟通的工具。手绘是设计师必备的技能，这种能力需要设计师具备一定的美术造型基础和艺术审美修养。

一、手绘效果图的概念和意义

手绘效果图是通过绘画的手段，形象且直观地表达设计意图的图纸，它具有很强的艺术感染力，如图1.1所示。手绘设计师需要具备良好的美术造型基础和艺术审美修养，才能将设计构思准确地表达出来。手绘效果图表现技法是为提高设计师手绘效果图表现能力而制定的科学有效的训练方法。通过对空间构图、透视、造型、线条和色彩等方面的训练，设计师可以掌握手绘效果图的表现方法和技巧，从而绘制出准确、美观的手绘图纸。

图1.1　手绘效果图（胡华中 绘）

在计算机技术日益精进、普及并快速渗透到各学科领域的今天，电脑效果图同样也给设计师带来了便利。然而，手绘效果图和电脑效果图各有优缺点，两者都是不可替代的。电脑效果图制作时间长，对设计创意的灵活捕捉有一定的局限性，不能快速地表达设计意图，且画面效果生硬，不过修改方便，写实性强，如图1.2所示。而手绘效果图的优势在于：一方面，手绘效果图在方案设计阶段，设计师可以随时随地捕捉瞬间的设计灵感，寥寥几笔将设计创意简单明了地表现出来，为下一步深入方案设计做好铺垫；另一方面，设计师通过手绘的形式可以收集更多的创作素材，并通过描绘，加深对设计元素的记忆，而且随手就可以勾勒出来，为以后的设计创作做好准备。手绘效果图在园林景观设计中的意义更为凸显，比电脑效果图显得更加生动，艺术感更强。

图 1.2 电脑效果图（邱文云 绘）

设计师的手绘表现能力直接影响设计水平的高低，大部分景观设计公司和室内设计公司在人才招聘时将手绘作为重点考查项目，大多数高校的建筑设计、环境艺术设计、城市规划等专业将手绘列为硕士研究生入学考试必考科目。因此，从事建筑设计、景观设计、室内设计等领域的设计师学好手绘效果图表现有着重要意义。

二、手绘效果图的分类

手绘效果图按表现方式可分为两类。一类是概念设计草图，如图 1.3、图 1.4 所示。概念方案设计阶段主要通过手绘草图来表现，这一阶段是设计师寻找灵感的阶段，通过反复修改，最终得到最满意的概念设计草图，这类效果图通常只有设计师自己才能看懂。另一类是精细效果图，如图 1.5、图 1.6 所示。精细效果图用来与他人沟通方案，在设计的方案阶段完成，并作为汇报资料。

概念设计草图的优点：可以迅速地捕捉设计师的设计灵感，很多设计项目的雏形就源于概念设计草图；缺点：这些草图只是停留在模糊的概念阶段，在设计师与客户沟通时使用会有一定的局限性。

精细效果图的优点：精细效果图能让客户直观地看到空间的结构、材质、色彩等，了解设计师的设计意图，方便彼此沟通，很多精细效果图可以直接作为项目施工的参考；缺点：由于精细效果图是概念设计草图的延续和深化，所以比概念设计草图需要更多的表现时间。

【图 1.3 视频】

图 1.3　建筑设计草图（胡华中 绘）

图 1.4　室内设计草图（胡华中 绘）

图 1.5　小区精细效果图（胡华中 绘）

图 1.6　室内设计精细效果图（尚龙勇 绘）

三、手绘效果图的本质

建筑、园林景观、室内设计师不同于画家和插画师，在他们的手绘效果图中，建筑形体和景观设施一直都处于最重要的地位，而配景和人物只是为了辅助场景表现。形式风格、材料色彩、布局方式是手绘效果图画面应该交代的内容，不应因为环境元素的表现而削弱设计的主体。

四、手绘效果图在设计中的作用

日本建筑大师安藤忠雄一直相信用手来绘制设计草图是有意义的。草图是建筑师创造的一座还未建成的建筑，也是与自我、与他人交流的一种方式。建筑师不知疲倦地将想法变成草图，然后又从草图中得到启示，通过反复修改的过程推敲自己的构思，内心斗争和“手的痕迹”赋予草图以生命力。

手绘效果图技法是建筑设计、园林景观设计、城市规划、室内设计等专业的必修课程，前期必须学习素描、色彩、透视等基础课程。在今天日益发展的电脑效果图面前，手绘效果图能够更直接地反映设计师思想，它是衡量设计师综合素质的重要指标，同时对设计专业学生就业和自身设计能力有很大的影响。

本章小结

本章介绍了手绘效果图的概念和意义、手绘效果图的分类、手绘效果图的本质，以及手绘效果图在建筑、园林景观、室内设计中的作用等基础理论知识，帮助学生快速梳理和理解手绘效果图在设计中的应用。

习　题

通过学习手绘效果图的基本理论知识，思考手绘效果图在所学专业中的作用和应用。

第二章　手绘效果图表现技法基础知识

训练要求和目标

要求：认识常用的手绘工具，尝试进行手绘实验，把握手绘工具和材料的特性；掌握平行透视和成角透视的快速画法；了解手绘效果图的构图原则。

目标：掌握手绘工具和材料的用法，要求画线准确，并能用线和色彩表现不同质感的物体。

本章要点

手绘工具。

透视技巧。

构图和视点。

素描基础、色彩基础。

要想画出一张精美的手绘效果图，需要设计师娴熟地运用各种手绘工具并懂得透视基础知识。构成手绘效果图的基本元素是点、线、面，其中线的准确表现决定了手绘效果图的优劣。好的色彩表现可以为画面点睛，另外，还需要有好的表现形式，如运用合适的笔触和色彩搭配等。

第一节　手绘工具

俗话说“巧妇难为无米之炊”，好的工具是画好手绘效果图的前提，因此选择工具是学习手绘效果图的第一步。手绘效果图的表现工具主要有以下两类。

一、笔

（1）画线用笔包括铅笔、水性笔、针管笔、钢笔、美工笔等，常用的有0.2～0.5mm的黑色水性笔、针管笔。因为手绘效果图要突出清晰的结构，所以一般使用白纸黑线，且线条均匀，不能太粗或太细。针管笔有金属针管笔和一次性针管笔，一般用一次性针管笔。一次性针管笔绘制的线条流畅细腻，画面精致耐看。钢笔出水顺畅、线条优美，常作为勾线笔使用。

（2）上色用笔包括彩色铅笔和马克笔等，如图2.1所示。

图2.1　彩色铅笔和马克笔

手绘效果图使用的彩色铅笔主要有水溶性和蜡性两种，上色常用水溶性彩色铅笔，优点是控制灵活、笔触细腻、容易着色。上色时，通常用马克笔结合彩色铅笔，如图2.2～图2.4所示。马克笔绘制的效果图块面感强，特别醒目且概括性强，彩色铅笔则经常用来刻画物体细节和明暗过渡。

马克笔笔头宽大，特别是美国AD马克笔。相比之下，STA、FINECOLOUR、TOUCHCOLOR、KAKALE等马克笔的笔头稍窄、笔触明显、色彩退晕效果自然，可以表现大气、粗犷的设计草图，也可以表现写实的效果。马克笔有油性、酒精性、水性之分。油性马克笔用甲苯、二甲苯作为溶剂，有刺鼻的气味和轻微的毒性，价格也比较高。但这种马克笔是三种笔中性能最稳定、透明度最高的。酒精性马克笔的优点是色彩柔和、笔触自然，加之淡化笔的处理，淡化效果很到位；缺点是难以掌控，需要有扎实的绘画基本功。水性马克笔虽然比油性马克笔的色彩饱和度低，但不同颜色叠加的效果非常好，在墨线稿上反复平铺，墨水泛上来与其颜色相混合，形成漂亮的过渡色。马克笔快速表现技法是一种快速有效的表现手段。线条流畅、造型准确是马克笔效果图的魅力所在。在使用马克笔时要下笔果断、准确。

【图 2.2 视频】

图 2.2 马克笔和彩色铅笔结合——材质练习（胡华中 绘）

【图 2.3 视频】

(a) 上色之前的线稿

(b) 用马克笔画固有色

(c) 用彩色铅笔添加过渡色

(d) 提亮高光，强调对比，添加环境色

图 2.3 马克笔和彩色铅笔结合——单体家具练习（胡华中 绘）

图2.4　马克笔和彩色铅笔结合——几何形体练习(胡华中　绘)

二、纸

手绘效果图常用的纸包括较厚的铜版纸、复印纸、绘图纸、水彩纸、硫酸纸等。画透视图经常选择 $70g/m^2$ 以上的 A4 或 A3 复印纸，要求纸质白皙、紧密、吸水性好。绘图纸比复印纸渗透性强，可多次叠加笔画，纸张不容易破损。水彩纸渗透性更强。纸张渗透性越强，吸色性就越好，色彩饱和度就越高。画建筑、园林景观设计平面图经常采用 A1 或 A2 硫酸纸，硫酸纸具有纸质纯净、透明度高、不易变形、耐晒、耐高温等特点。

第二节　线的画法

线是构成手绘效果图的基本元素之一，分为直线、曲线、折线、波浪线等。手绘效果图强调线的美感，要将线画得有动感、有张力、有韵味并非易事，需要经过大量的练习。初学者可以先从水平线和垂直线开始练习，要求每条线长短基本一样，平行且间距相同，以达到线条长度和方向的准确性。画好水平线和垂直线之后练习画斜线和曲线，还有椭圆和正圆。单独练习画线会很枯燥，可以结合几何形体透视的练习。画线要有起笔、运笔、收笔。画的时候注意节奏的控制，要有快慢、粗细、长短、刚柔之分。画水平线和垂直线要控制线条长度和方向的准确性；画曲线要流畅、优美；画斜线要注意张力的把握，倾斜方向要准确。曲线和直线的结合，常用来表现有弹性的材质。线条的练习如图 2.5 所示。

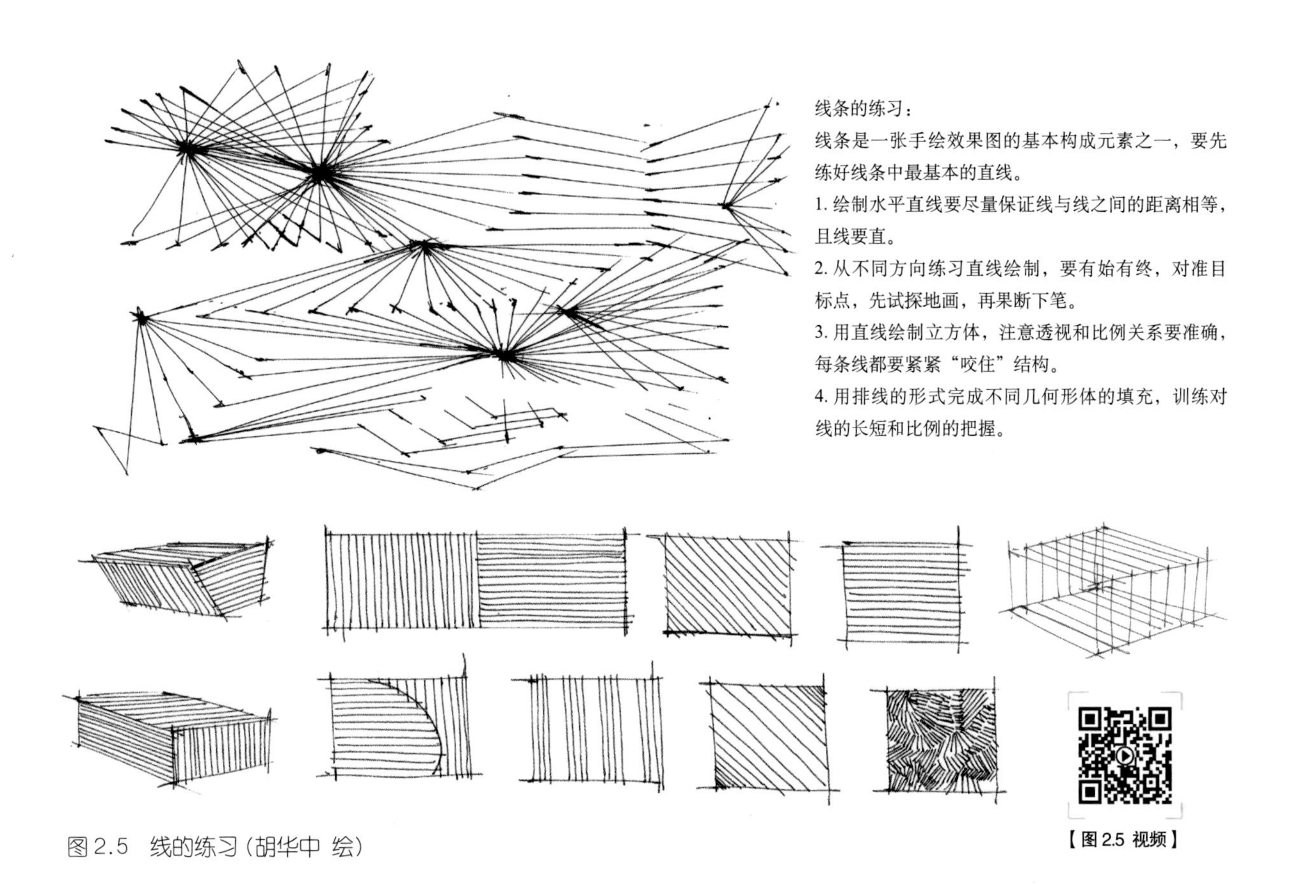

图2.5　线的练习（胡华中 绘）

第三节　透视的画法

透视是手绘效果图的骨架，如果一幅手绘效果图的透视出现错误，那么空间中的物体就会失真，会影响设计构思的准确传达。表现建筑、园林景观、室内设计手绘效果图常用的透视画法有平行透视画法和成角透视画法。

一、平行透视画法

平行透视也叫一点透视，当立方体水平放置时，有一对平面与画面平行，所有变线（透视变形的线）都消失到心点（消失点，vp），这种透视就叫作平行透视。平行透视的构图特征是安定、平稳。平行透视形成原理如图 2.6 所示。

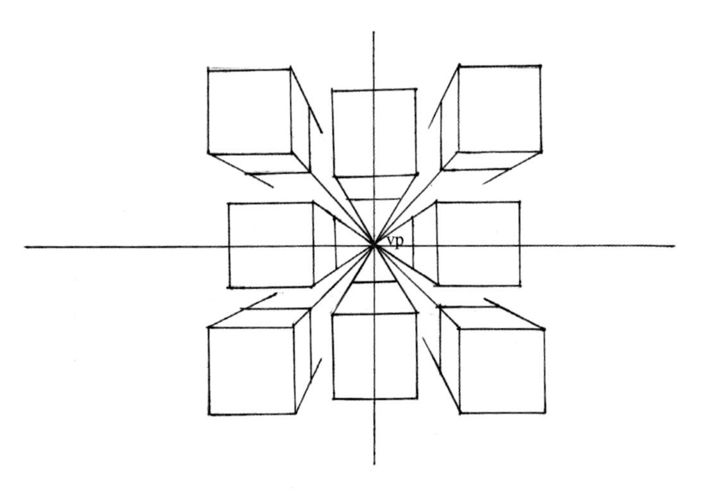

图2.6　平行透视形成原理

以客厅为例，平行透视绘制步骤如图 2.7 所示。

（1）确定视平线 HL，定出消失点 vp，参考视平线的高度画出远处墙体，连接交点 a、b、c、d 和消失点并延长，得出地脚线 a_1、b_1 和天花线 c_1、d_1。

（2）在远处墙面底边上定距等分成 4 份，连接等距点与消失点并延长；参考墙体的尺寸，以远处墙体左下角 a 点向左画水平延长线，在延长线上定出等距点 1、2、3、4、5；以消失点 vp 为圆心，视点到消失点 vp（平行透视中视心线与视平线垂直相交的点）的距离为半径画圆，与视平线左侧相交于点 D_2，连接 D_2 与等距点 1、2、3、4、5 并延长，和地脚线 a_1 相交，再从各个交点向右画水平线，得出地面砖。

（3）依据平面图，在地面网格上画出客厅物体的投影面。

（4）参考视平线的高度，依据各物体的投影面向上画垂直线，画出各物体。

（5）进行细节刻画，注意线条的疏密关系和画面的聚焦感。

客厅平行透视绘制完成效果图如图 2.8 所示，客厅平行透视效果图如图 2.9 所示。

【图 2.7 视频】

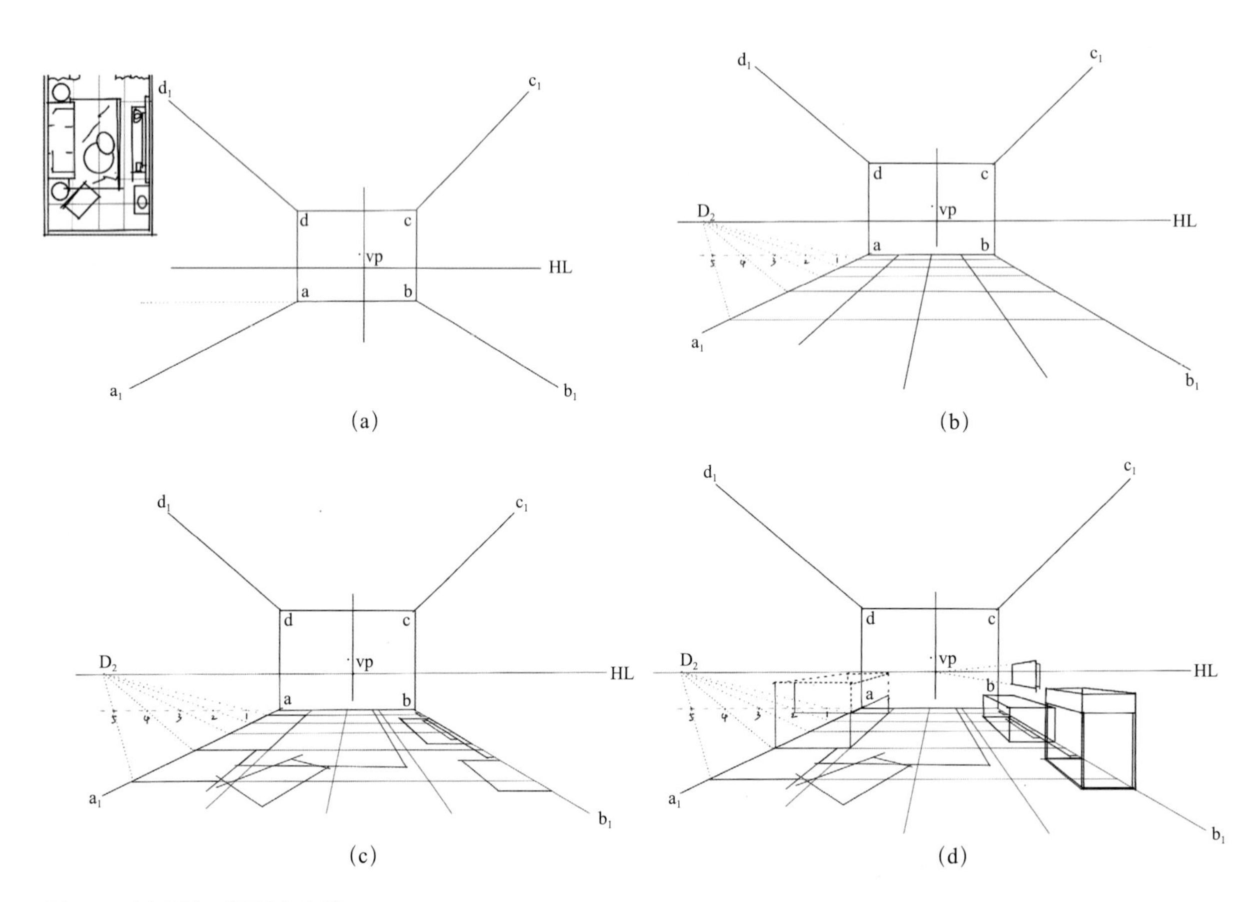

图 2.7　客厅平行透视绘制步骤

图 2.8 客厅平行透视绘制完成效果图（胡华中 绘）

【图 2.9 视频】

图 2.9 客厅平行透视效果图（胡华中 绘）

二、成角透视画法

当立方体水平放置，无任何一对边与画面平行，而是与画面成一定角度，这种透视叫作成角透视。成角透视的构图具有活跃、强烈的动感，更符合人的视觉习惯和视觉科学规范。成角透视中的变线与画面成（直角外的）一定的角度，分别向地平线的左消失点和右消失点集中。成角透视形成原理如图 2.10 所示。

成角透视绘制步骤如下所列。

（1）定出视点高度，作水平线，得出视平线。以点 A 和点 B 为起点向左右两侧画透视线，与视平线相交，左右相交的点就是成角透视的消失点。

（2）以消失点 1 为圆心，消失点 1 到视点的距离为半径画圆，相交于视平线上的点就是测点 1；以消失点 2 为圆心，消失点 2 到视点的距离为半径画圆，相交于视平线上的点就是测点 2。

（3）以远处墙角下端为起点，参照墙体的高度分别向左和向右画水平线。根据地面砖的尺寸定出各刻度点，分别与测点 1 和测点 2 相连，并延长与地脚线相交，得出地面砖的透视深度点。再将左右各个刻度点连接相应的消失点并延长，可以得出地面砖的透视效果。

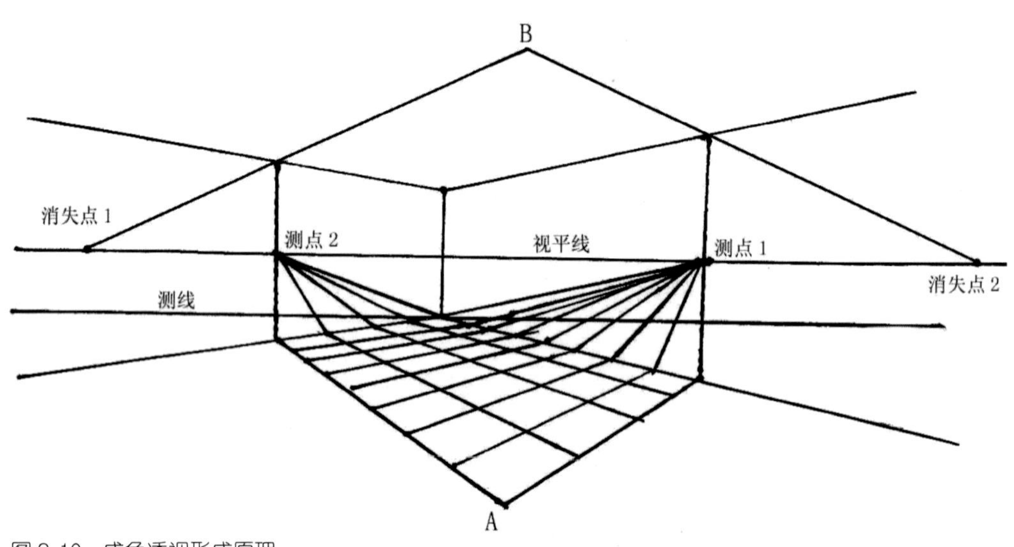

图 2.10　成角透视形成原理

以书房为例，成角透视绘制步骤如图 2.11 所示。

（1）确定视平线和地平线，定出左右消失点 vp_1 和 vp_2，分别以左右消失点为圆心，消失点到视点的距离为半径画圆，与视平线分别相交于测点 M_1 和 M_2。

（2）参考远处墙体垂直线的长度，在地平线左右标出等距刻度点 1、2、3、4、5、6，分别从测点 M_1 和 M_2 连接地平线上各个刻度点并延长，和左右地脚线相交，再将各个相交点连接左右消失点并延长，分别画出地面网格线。

（3）依据平面图在地面网格线上画出各物体的投影面。

（4）参考视平线的高度，依据各个投影面向上画垂直线，画出各个单体。

（5）进行细节刻画。

书房成角透视绘制完成效果图如图 2.12 所示。

【图 2.11 视频】

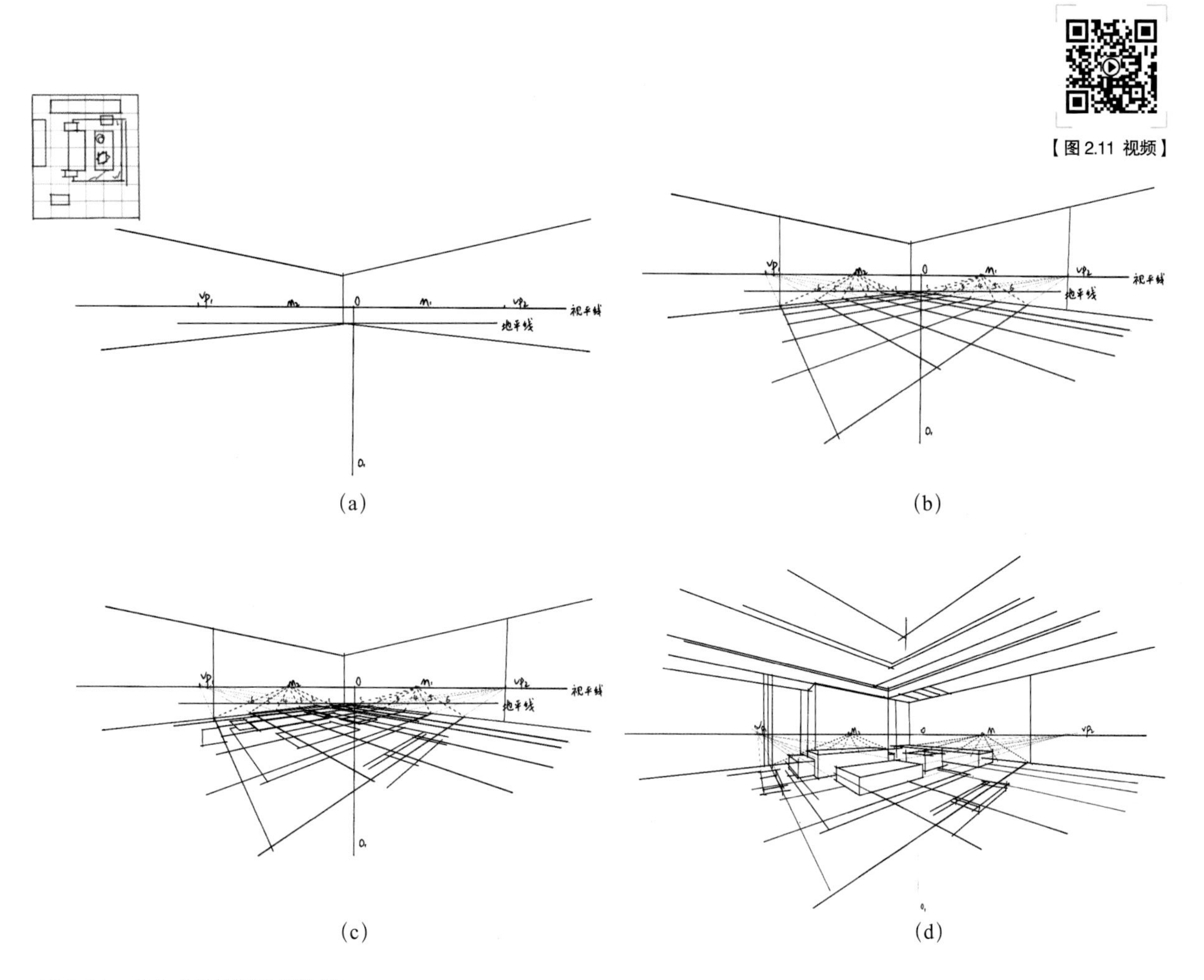

图 2.11 书房成角透视绘制步骤

图 2.12 书房成角透视完成效果图（胡华中 绘）

平行透视和成角透视练习如图 2.13～图 2.17 所示。

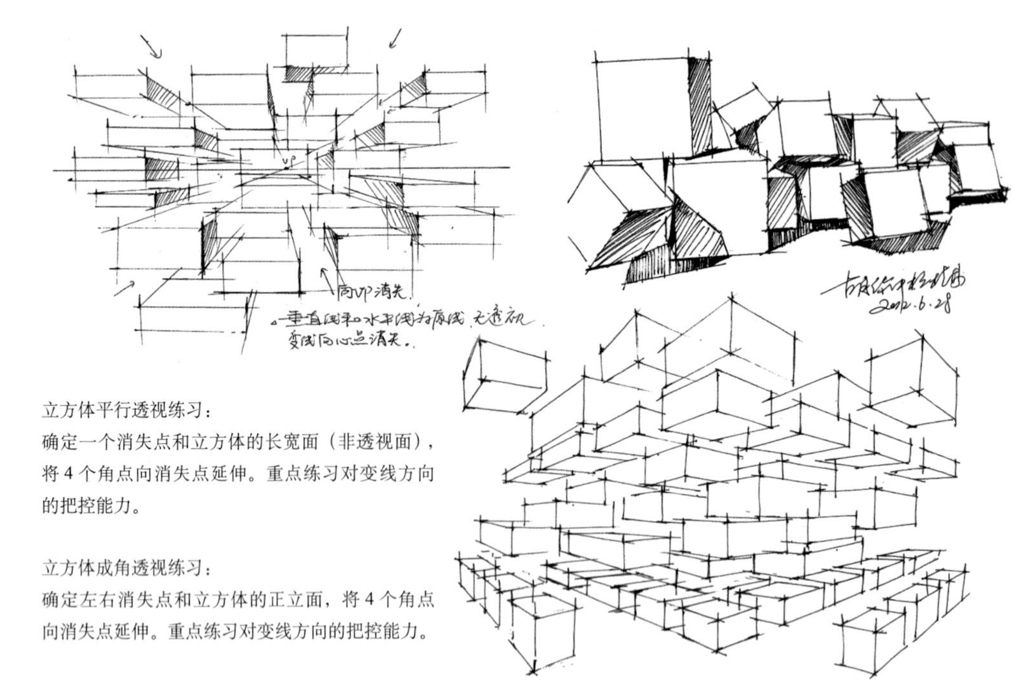

立方体平行透视练习：
确定一个消失点和立方体的长宽面（非透视面），将 4 个角点向消失点延伸。重点练习对变线方向的把控能力。

立方体成角透视练习：
确定左右消失点和立方体的正立面，将 4 个角点向消失点延伸。重点练习对变线方向的把控能力。

图 2.13　立方体平行透视和成角透视练习（胡华中 绘）

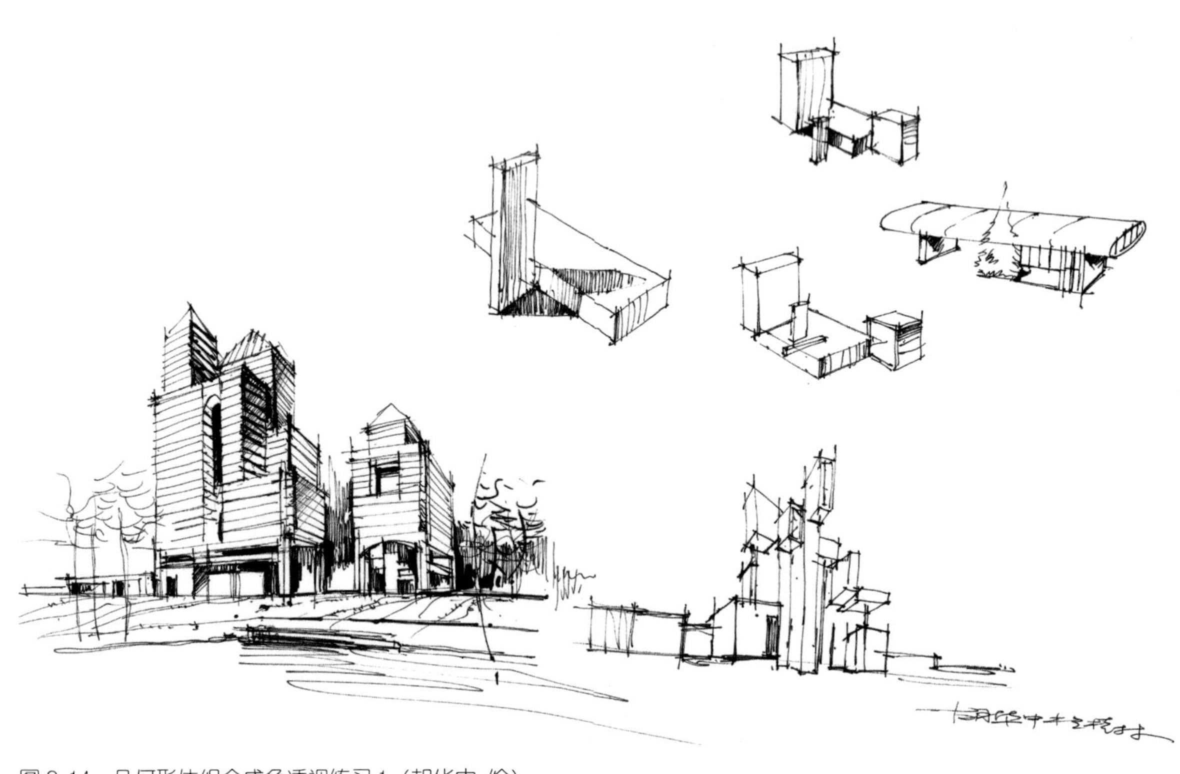

图 2.14　几何形体组合成角透视练习 1（胡华中 绘）

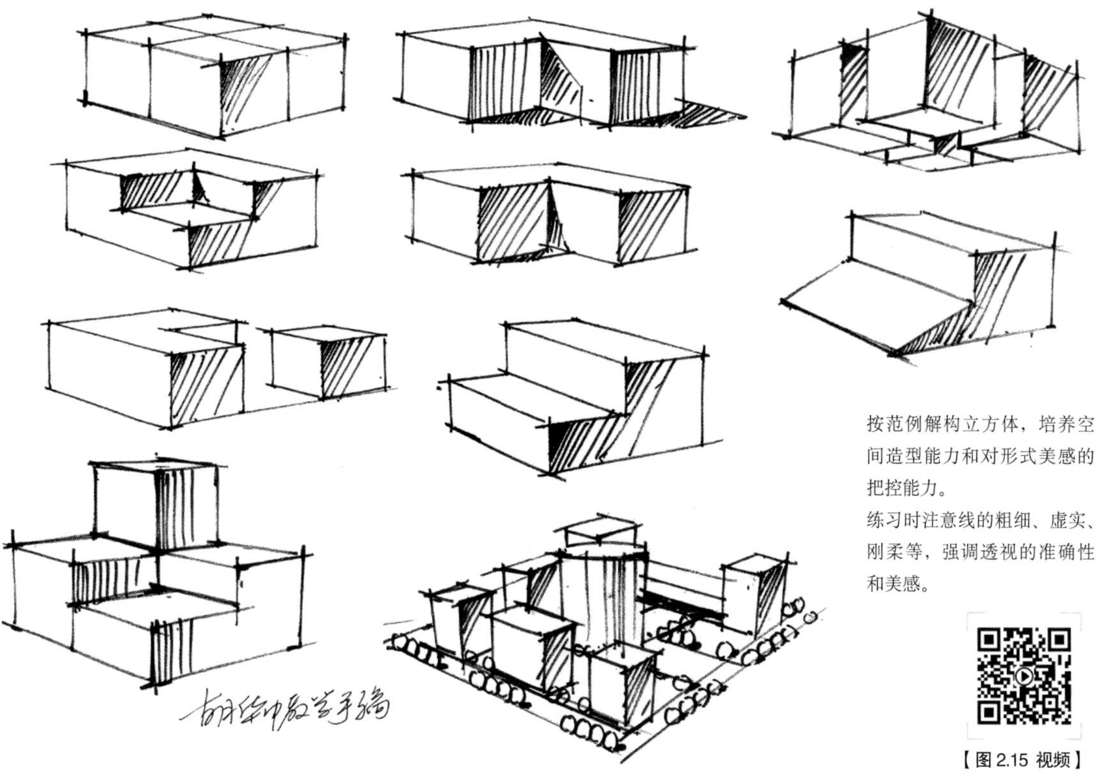

按范例解构立方体，培养空间造型能力和对形式美感的把控能力。

练习时注意线的粗细、虚实、刚柔等，强调透视的准确性和美感。

【图2.15 视频】

图2.15 几何形体组合成角透视练习2（胡华中 绘）

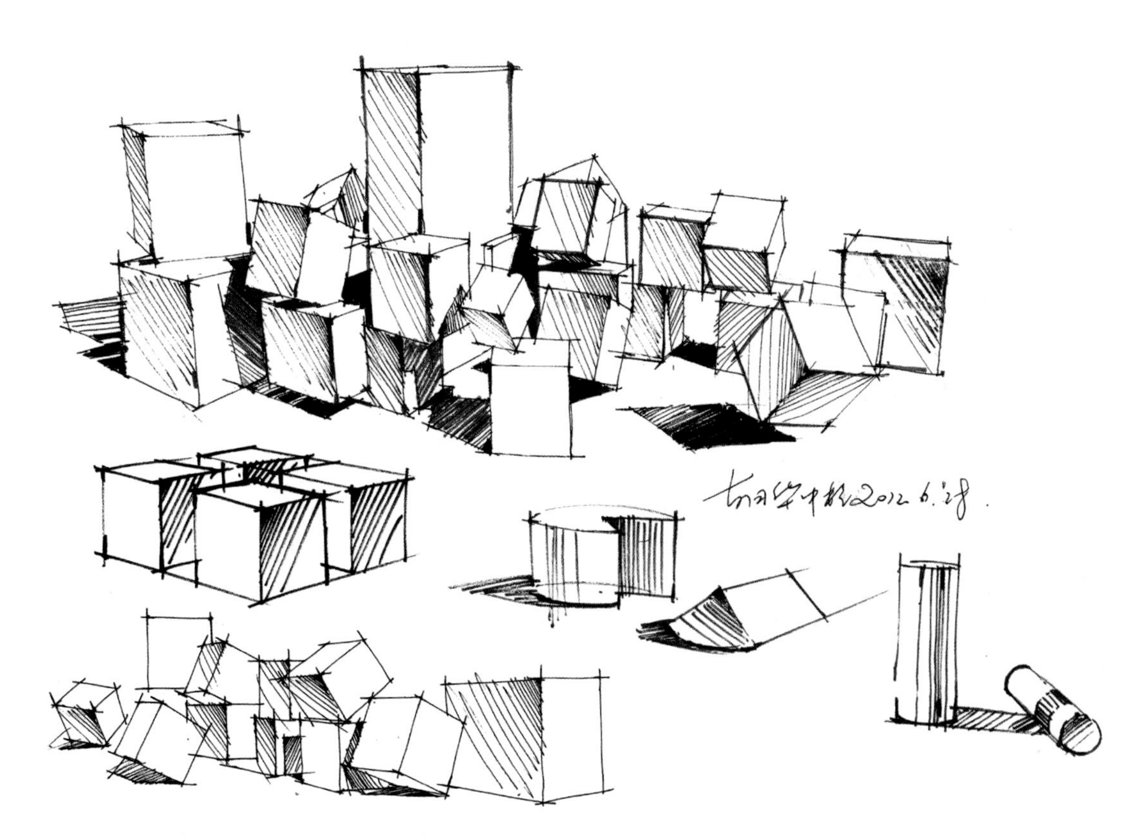

图2.16 几何形体组合成角透视练习3（胡华中 绘）

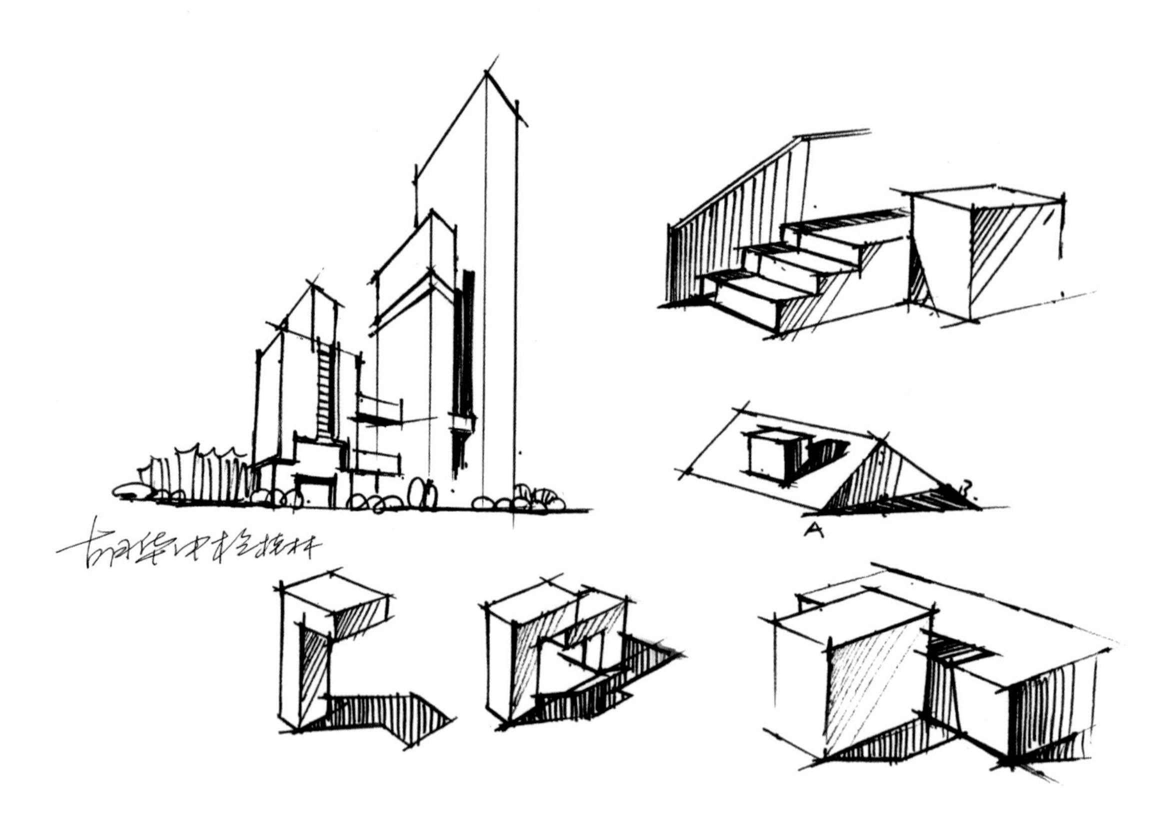

图 2.17　几何形体组合成角透视练习 4（胡华中 绘）

第四节　视点和视平线的选择

视点和视平线的选择决定了构图是否理想。在手绘效果图中，好的构图是实现设计意图的关键。因此，要想画好一幅手绘效果图，合理地确定视点和视平线是非常重要的。在表现建筑或景观空间的过程中，对视点和视平线的选择要注意以下几点。

（1）表现整体空间时，把主体放在画面的中间位置。

（2）注意视平线的位置。对于较低的空间，可以适当进行夸张处理，如把视平线压低些，形成仰视画面。如果要表现广场或大型建筑、景观空间，可以选择较高的视平线，并采取俯视角度表现，从而把空间表现得更广阔，如图 2.18 所示。

（3）注意视点位置。当设计图中上下左右的内容都需要重点表现时，有必要把视点放在画面偏中间的位置。如表现建筑时，视点尽可能远离建筑，拉开两个消失点的距离，这样建筑的透视面变形程度就更小，建筑的立面设计构思就能更好地表现出来。

在图 2.19（a）中，两个消失点距离太近，导致建筑变形严重；在图 2.19（b）中，两个消失点距离较远，建筑透视平缓，能很直观地看到建筑左右两侧的设计内容，这种方式适合表现建筑设计效果图，可以直观地展现设计意图。

（4）尽可能选择能表现丰富空间层次的角度，如图 2.20 所示。

（5）如无特殊要求，尽可能将视平线压低，通常高度为 1.6 米比较合适，如图 2.21 所示。

图 2.18　视平线较高的手绘效果图（胡华中 闫杰 绘）

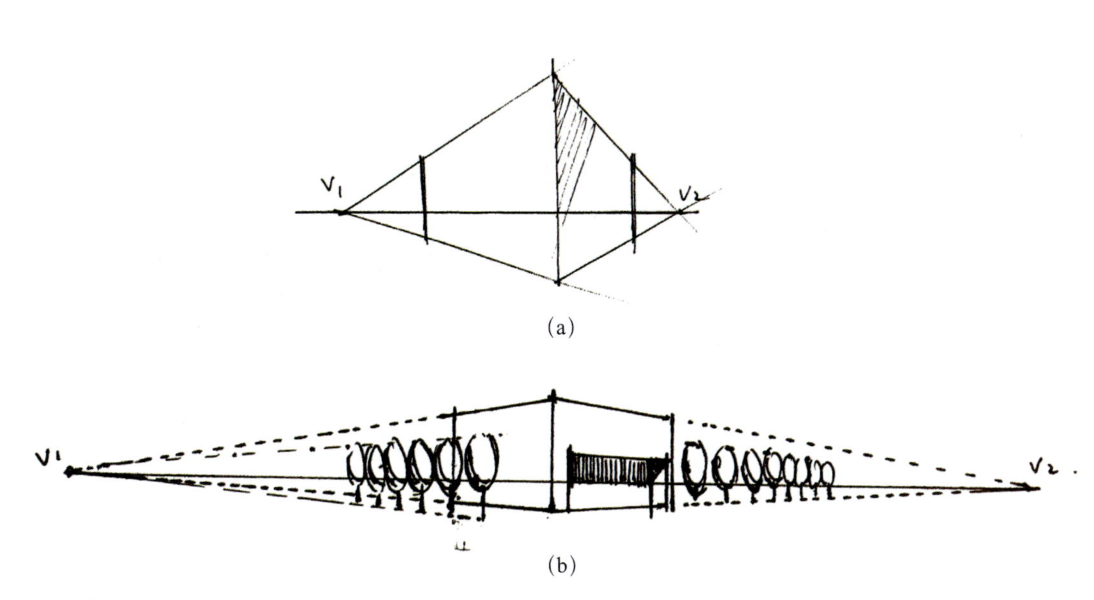

图 2.19　消失点间距对比

图 2.20　空间层次丰富(胡华中 绘)

【图 2.21 视频】

图 2.21　视平线压低(胡华中 绘)

第五节　素描基础

素描是一切造型艺术的基础，对提高手绘效果图表现能力有直接作用。素描的表现方法大体可以分两大类：一类是以线描为主，准确地表现出物体的内部结构和透视变化，这种方法称为结构素描；另一类是根据物体在光源照射下出现的明暗变化，以块面为主，注重表现物体的立体感、空间感和质感，这种方法称为明暗素描。

一、构图原则

（1）画面完整。要求画面饱满、形体准确、主题突出。构图过大或过小，过于集中或过于松散都会影响构图的美感。

（2）变化统一。变化统一是构图的重要方法。构图的美学原则主要是既要有对比和变化，又要和谐统一，避免呆板、平均、完全对称、无对比关系，不会令人感到乏味和沉闷。如果画面有聚散、疏密和主次对比，有内在的结合及非等量的面积和形状的平衡，就会呈现生动、多变、和谐统一的效果，并展现出特有的魅力。素描构图技巧如图 2.22 所示。

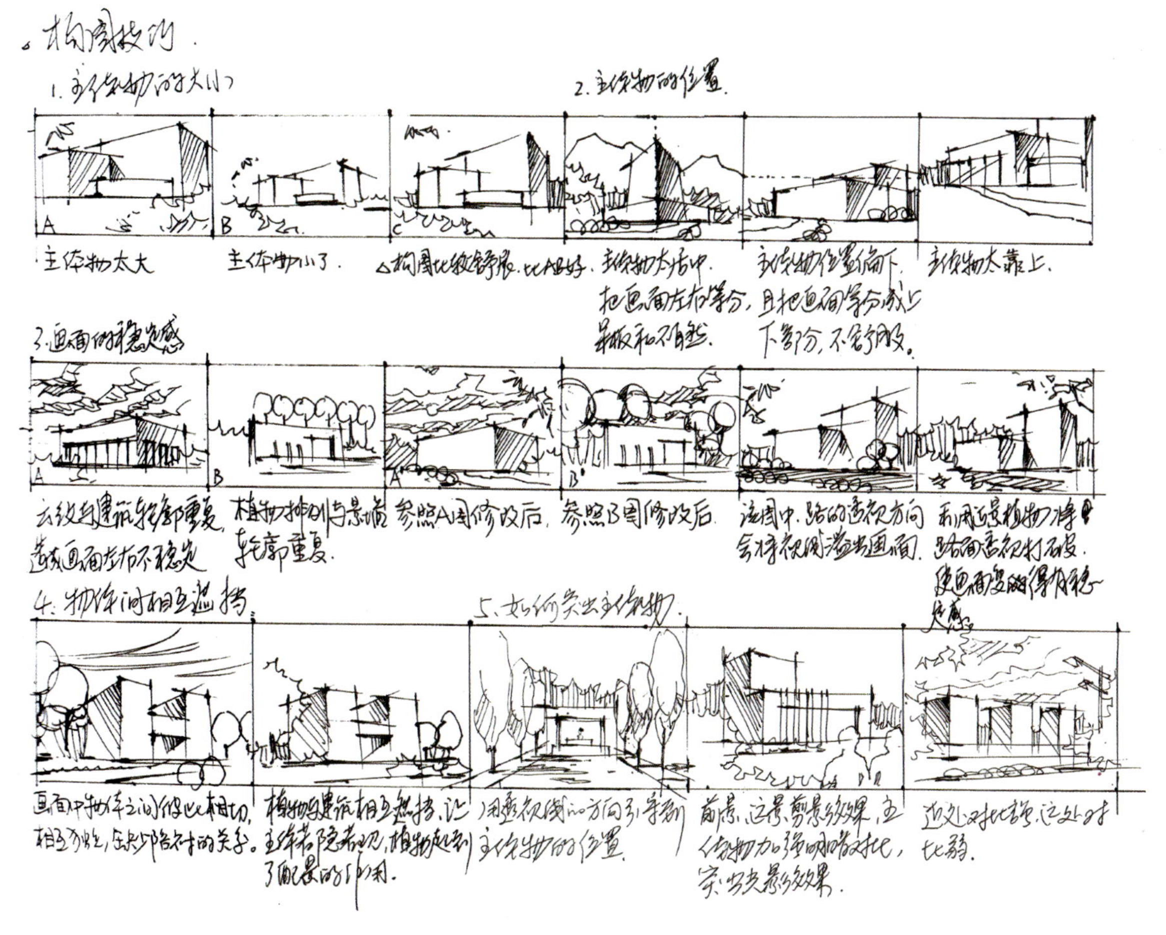

图 2.22　素描构图技巧

二、素描五大调子

素描五大调子分别是指：亮面——直接受光部分；灰面——中间面，半明半暗；明暗交界线——亮部与暗部转折交界的部分；暗面——背光部分；反光——受周围反光的影响而产生的暗中透亮的部分，如图 2.23 所示。

图2.23 素描五大调子（胡华中 绘）

第六节 色彩基础

一、色彩的基础知识

（1）色彩三属性，即色相、明度、纯度。

色相：色彩的相貌。例如红色、黄色、蓝色等颜色。

明度：色彩的明暗程度。例如黄色根据明暗程度可分为淡黄色、中黄色、土黄色、深黄色等。

纯度：色彩的饱和程度，又称饱和度。

（2）色彩的混合，一般在绘画中指的是颜料的混合。要想调配出丰富的色彩，就必须掌握色彩混合的规律和特点。

原色：指不能通过其他颜色的混合而得出的基本色——红色、黄色和蓝色。

间色：用原色（红色、黄色、蓝色）中任何两种颜色混合而成的颜色。例如红色与黄色、黄色与蓝色、蓝色与红色混合而成的橙色、绿色、紫色。

复色：两种间色或三种原色混合而成的颜色就是复色。例如红色、黄色、蓝色混合而成的黑浊色。

（3）色彩的冷暖。有些色彩会让人产生暖的感觉，例如红色、橙色、黄色等颜色会让人联想到火、太阳的炙热和温暖，就会产生暖的感觉。因此，人们将红色、橙色、黄色等颜色称为暖色。而蓝色、绿色、紫色等颜色则会让人联想到大海、树荫的凉爽，就会产生冰凉和寒冷的感觉。因此，人们把蓝色、绿色、紫色等颜色称为冷色。

二、色彩的对比与调和

（1）邻近色对比。12 色相环（图 2.24）中，颜色相隔角度约 30° 的为弱对比类型，如红色与红橙色对比、黄色与黄橙色对比等。对比效果柔和、和谐、雅致、文静，但单调、模糊、乏味、无力。

（2）类似色对比。颜色相隔角度约 60° 的为弱对比类型，如红色与黄橙色对比等。对比效果丰富、活泼，但又不失统一、雅致、和谐的感觉。

（3）中度色对比。颜色相隔角度约 90° 的为中对比类型，如黄色与绿色对比等。对比效果明快、活泼、饱满，既有一定的力度，又不失调和之感。

图 2.24　12 色相环（胡华中 绘）

本章小结

本章介绍了手绘效果图的绘制工具、透视画法、画面的构图、素描基础与色彩基础等理论知识，图例与文字说明紧密呼应，易于掌握，为接下来学习手绘效果图的表现技法打下良好的基础。

习　　题

1. 选择不同视点、视角，分别画 10 组立方体平行透视图和成角透视图。

2. 用钢笔或水性笔表现不同视点、视角下建筑或室内的平行透视图和成角透视图各 10 张。

第三章 建筑、园林景观设计手绘效果图表现

训练要求和目标

要求：掌握建筑、园林景观平行透视和成角透视的表现规律，能结合前面所学的手绘基础知识，进行大量的建筑、园林景观手绘练习。

目标：能分析建筑、园林景观设计手绘效果图的优点、缺点，不断提高建筑、园林景观设计手绘效果图的表现能力，同时能结合专业所需，提高建筑、园林景观设计的创作能力。

本章要点

建筑、园林景观配景线描和上色训练。

平面图、立面图和剖面图表现。

建筑空间表现。

园林景观空间表现。

从事建筑、园林景观设计通常要画三种类型的手绘效果图：构思草图、精细透视图、扩初平面和立面图。手绘效果图是建筑、园林景观设计师必须掌握的一门技能。在建筑、园林景观设计手绘效果图的学习过程中，临摹是一个非常重要的环节，临摹是学习他人经验最便捷的途径。临摹一段时间后穿插写生练习，可检验所学的理论知识和临摹成果。最后锻炼的是设计创作能力，将之前所学的内容进行总结和提炼，可以提高自己的手绘创作能力。

第一节　园林景观单体手绘表现

手绘效果图是园林景观设计师表达设计构思的重要形式，是设计师设计思想的体现。园林景观主要以植物为主，与山石、园林小品、园林建筑等元素相辅相成。作为设计师，就是以手绘的表达形式表现它们的单体形态和组合形态。在绘制时，要掌握不同元素的特点，抓住其主要特征，并准确地表现出来。

一、植物表现

植物是建筑、园林景观手绘效果图的重要构成元素，其种类繁多，形态多样。以乔木为例，其基本结构包括树叶、树枝、树干、树根。乔木的造型千变万化，有的挺拔俊秀，有的婀娜多姿，有的苍劲朴拙。乔木的类型主要分为阔叶乔木和针叶乔木两种，常见的阔叶乔木有樟树、榕树、法国冬青、梧桐树等，叶形多呈圆形或卵形；常见的针叶乔木有松树、柏树、杉树等，树形多呈伞形或塔形。

给植物上色时应注意色彩统一。如在室外，植物亮部和暗部应该保持相同的色相，只是暗部一般偏冷，亮部偏暖。马克笔上色多用旋转笔触，注意色块的大小、明暗、纯度变化，形成自然的色块，以便自然地表现出树叶的色彩关系。

如图 3.1 所示，植物在平面图上呈圆形，一般用锯齿形轮廓线概括，圆心以一个黑点表示主干；为了突出植物“平面的立体感”，通常用排线或涂黑的形式表现其阴影。有的植物也采用三角形和梯形的呈现形式。

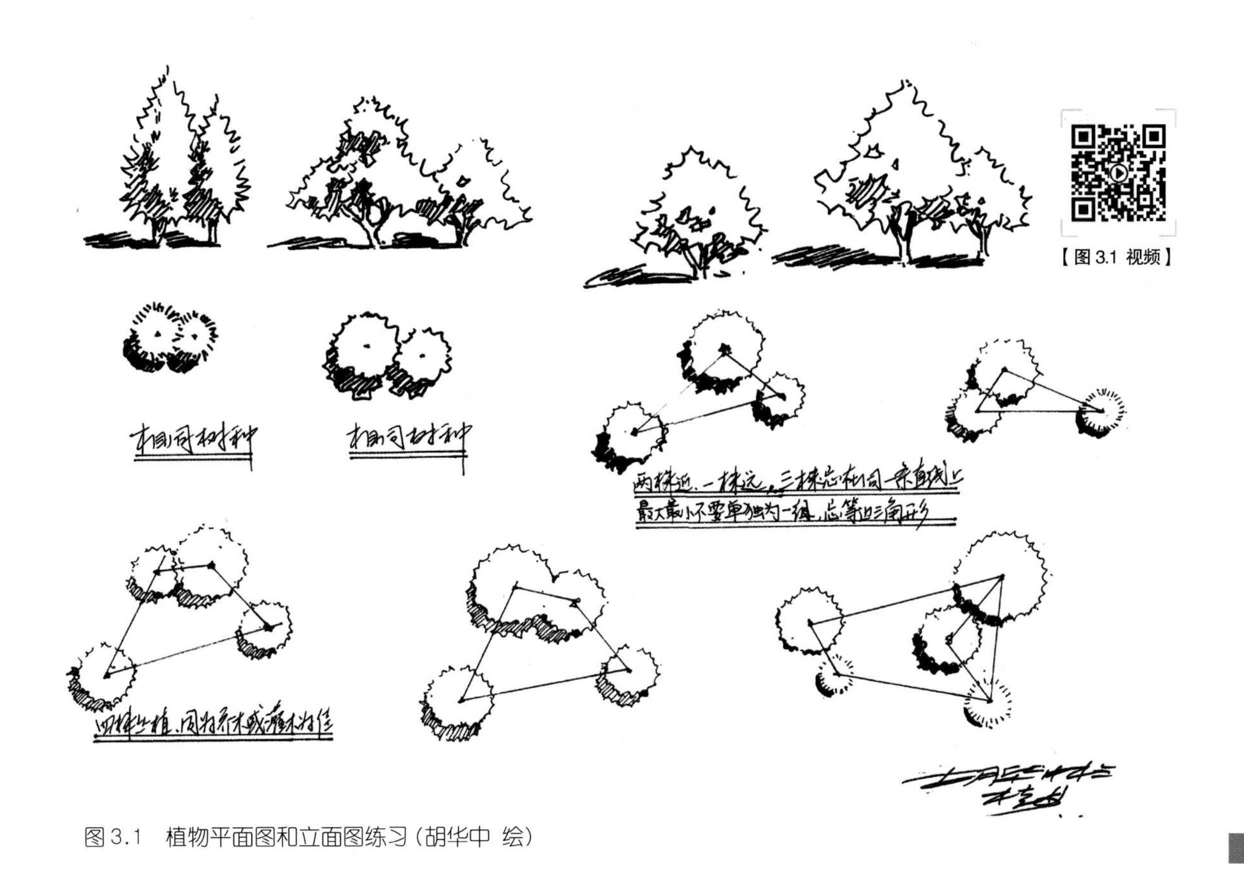

图 3.1　植物平面图和立面图练习（胡华中 绘）

如图 3.2 所示，在进行植物造型概括练习时，需要整体观察，明确重心，把握好基本形态。

图 3.2　植物造型概括练习（胡华中 绘）

如图 3.3 所示，这组植物运用了线描法和影调法结合的表现方法。为了方便马克笔上色，不必画太多调子，重点画出暗部调子，亮部则可以留白。

图 3.3　植物线描练习（胡华中 绘）

如图 3.4 所示，这组植物通过色彩的冷暖来表现植物的明暗关系和前后空间关系。

图 3.4　植物上色练习（胡华中 绘）

在绘制树木时，应注意以下几点。

（1）植物的画法有线描法、影调法和线描结合影调法。绘制时应注意树叶的凹凸起伏、大小、疏密变化，还应注意树叶组团处理和树冠整体形态的控制。树叶组成了不同形态的树冠，使植物郁郁葱葱，显示出勃勃生机。树叶形状千变万化，画法多样，概括而言有点叶法、勾叶法及明暗调子法，这三种方法也可以结合使用。画植物时除了要理解枝叶的组合关系，还要注意枝干与叶子的主次、前后、穿插、疏密等关系。一般可以把树叶处理得上密下疏，这样树的主要枝干会显得比较清楚，结构特征也会清晰；要将成团的枝叶归纳成不同的几何形体，以适应整体概括的需要；还要处理好叶簇之间的空间层次关系，把握好叶簇之间边缘线的虚实，并强调虚实变化，才能呈现生动自然的叶簇。用线勾画树叶时，不要机械地一片一片地勾画，要根据不同树叶的形态，概括出不同的样式，再进行描绘。用明暗色块表现树叶，则是根据树叶组成的团块进行明暗体积和层次的描绘。在适当的地方，如外轮廓处或转折处，进行细节刻画。在表现植物的层次时，可以采用前景“压”中景、中景“压”远景的方法。总之，要从整体出发，学会观察植物基本造型，抓住其基本特征。植物手绘练习如图 3.5、图 3.6 所示。

（2）树干和树枝是树的骨骼，在手绘时要注意树干和树枝、主干和分支的穿插交错关系。树干的肌理多样，用线也不同，有的用横向线，有的用竖向线，有的用 S 形线、O 形线、鱼鳞形线等，如图 3.7 所示。

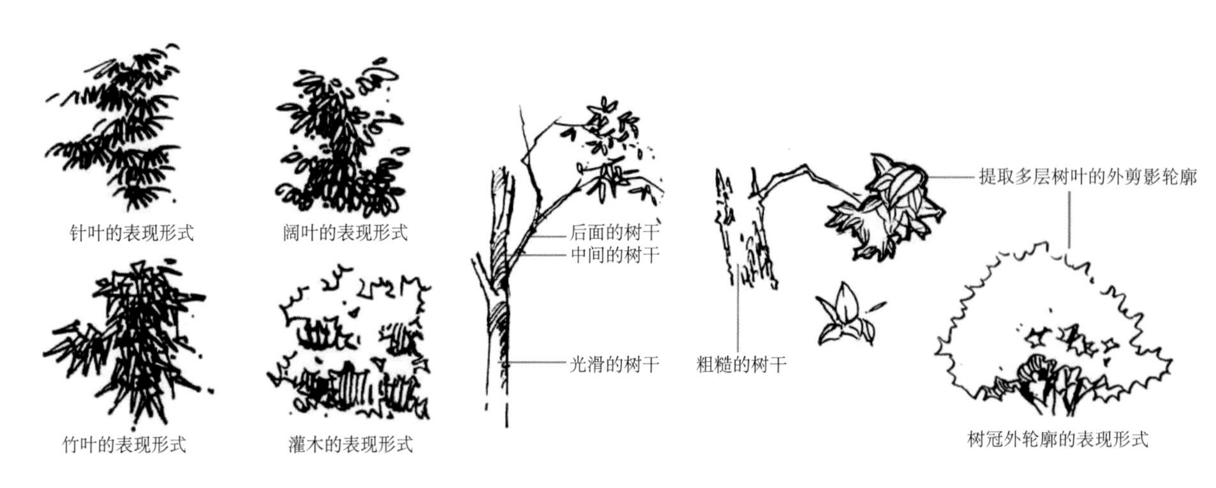

图 3.5　植物手绘练习 1（胡华中 绘）

【图 3.6 视频】

图 3.6　植物手绘练习 2（胡华中 绘）

【图 3.7 视频】

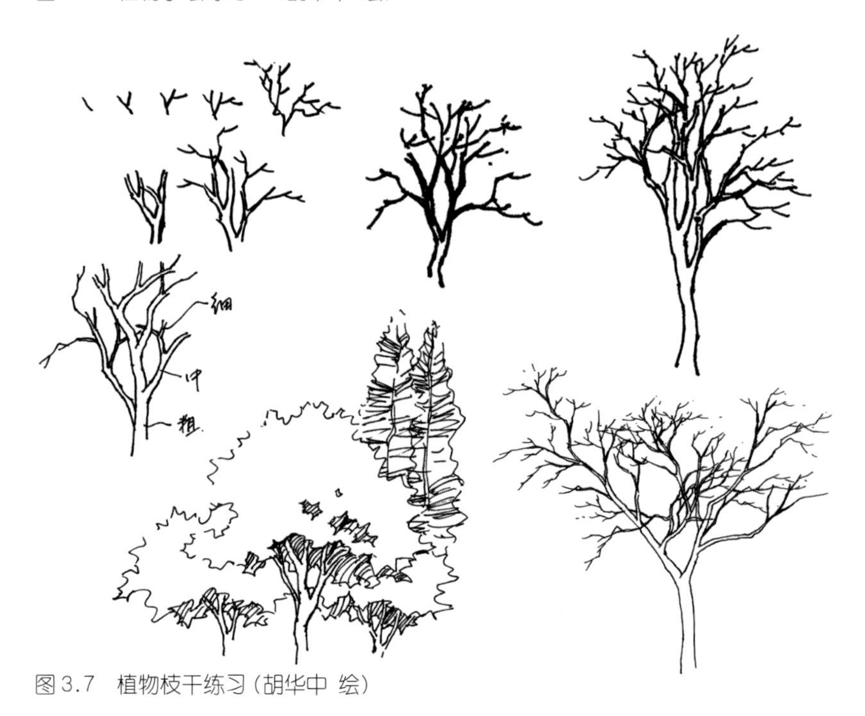

图 3.7　植物枝干练习（胡华中 绘）

如图 3.8 所示，此组植物表现的结构特征十分清晰。不同植物的叶子大小和形态各异，如椰子树的叶片很大，且坚硬；竹叶像剪刀；芭蕉树的叶片像扇子，且柔软。

图 3.8　植物单体练习（胡华中 绘）

如图 3.9 所示，这组植物立面图线条轻松流畅，极具生命力，依据不同树的特征用不同的线条，如松树的外轮廓线条呈锯齿状，阔叶植物用曲直多变的抖线来表现。另外，不同纯度和有冷暖变化的色彩表现了植物丰富的层次感。

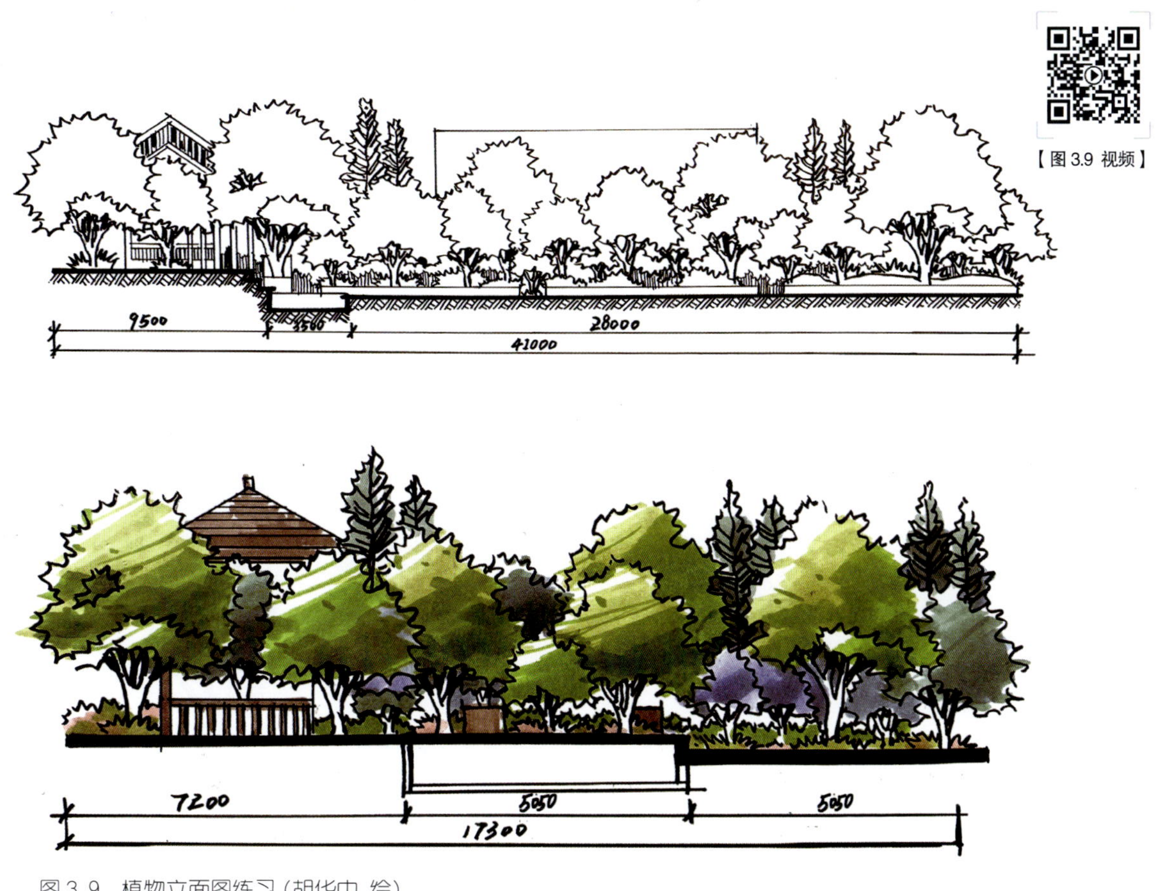

图 3.9　植物立面图练习（胡华中 绘）

如图 3.10～图 3.12 所示，此组植物的用色大胆，色彩块面感很强，很好地表现了植物的立体感。

图 3.10　植物单体上色练习 1（胡华中 绘）

图 3.11　植物单体上色练习 2（胡华中 绘）

图3.12 植物单体上色练习3（胡华中 绘）

如图 3.13 所示，椰子树和竹子的叶子多而密，因此用马克笔的块面笔触进行概括，而且色彩有冷暖变化，使植物层次变得丰富多彩。

图 3.13　植物单体上色练习 4（胡华中 绘）

如图 3.14 所示，通过色块之间的对比，将植物黑白灰对比关系加强，暗部偏冷、亮部偏暖，再用暖色的灌木点缀，使画面既整体统一又富有变化。

图 3.14　植物单体上色练习 5（胡华中 绘）

如图 3.15、图 3.16 所示，表现地被植物时，应注意整体素描和色彩关系，亮面整体偏黄绿色，灰面偏草绿色，暗面偏翠绿色或冷灰色，这样可以加强画面的光感。

图 3.15　植物单体上色练习 6（胡华中 绘）

图 3.16　植物单体上色练习 7（胡华中 绘）

如图 3.17 所示，此组植物的色彩表现了阔叶乔木的特点。阔叶乔木叶子偏黄绿色，可用草绿色画树冠的中间面，用蓝灰色画暗面，用黄绿色画亮面。

图 3.17　植物单体上色练习 8（胡华中 绘）

如图 3.18 所示，此组植物运笔潇洒、自然，富有动感；画面色调淡雅，冷暖对比强烈，即使没有强烈的明暗对比也能凸显画面的层次感。

图 3.18　植物组合练习 1（胡华中 绘）

如图 3.19 所示，由三角梅和木制车构成了一幅景观小品，既突出了休闲主题，又营造了浪漫的氛围。

图 3.19 植物组合练习 2（胡华中 绘）

如图 3.20 所示，此组植物分别是小乔木和灌木球。以抖线概括了两种植物的轮廓，暗部用倾斜的线条表现，画面简洁明快。石头作为植物底部的收口，其轮廓线刚劲有力，亮面留白，暗面调子简洁，整体的体积感较强。

【图 3.20 视频】

图 3.20 植物组合线描练习（胡华中 绘）

图3.21所示的是植物组合上色步骤。第一步，用黄绿色画出乔木和灌木的中间面；第二步，给其他植物上色，并用冷绿色画出暗部；第三步，以黄色马克笔细头排线画出石头的固有色；第四步，用明度偏低的黄色画石头的暗部，另外，为了降低石头暗部黄色的饱和度，局部再覆盖一层冷灰色。

(a)

【图3.21 视频】

(b)

图3.21　植物组合上色步骤（胡华中 绘）

(c)

(d)

图 3.21 植物组合上色步骤(胡华中 绘)(续)

图 3.22 所示的是景观建筑物与植物结合练习。

【图 3.22 视频】

图 3.22　景观建筑物与植物结合练习（胡华中 绘）

二、石头水景表现

石头是园林景观设计中不可缺少的元素之一，自古以来石头就是中国园林一道独具魅力的风景线，分布于园林的各个角落，也是叠山理水之必备。石头具有坚硬和粗犷的特点，在绘制时，应体现出块面的感觉，宁方勿圆；还要根据光线的变化，表现其光影层次，突出其质感。石头的种类多样，不同的石头有不同的形态、纹理，如太湖石皱、瘦、漏、透，鹅卵石圆滑饱满等，因此要根据石头的形态、纹理特征运笔。用马克笔给石头上色时要注意块面关系，重点将明暗交界处和投影处压重。

水是园林的血脉，在园林景观设计中极为重要。水有静态和动态之分，有清澈和浑浊之别。物体在静态的水中倒影明显，但轮廓模糊，明暗对比弱，可以用统一的水平线表现出若隐若现的感觉。动态的水适合用波动较大的曲线表现，以达到水波荡漾的效果。

如图 3.23～图 3.26 所示，用马克笔表现石头效果很好，将石头受光面和背光面的明暗对比加强，用块面来表现石头的体块感和明暗关系，可以使石头的坚硬感和立体感增强。

图 3.23　石头手绘练习（夏克梁 绘）

图 3.24　石板路表现（夏克梁 绘）

【图 3.25 视频】

图 3.25　石头水景表现（胡华中 绘）

图 3.26　景石表现（夏克梁 绘）

图 3.27、图 3.28 所示的手绘作品景物取舍合理，构图安排较有章法，石头体块转折与结构清晰，线条有张力，素描关系明确。

图 3.27 石头水景线稿 1（胡华中 绘）

图 3.28 石头水景线稿 2（胡华中 绘）

图3.29、图3.30所示的手绘作品线条流畅、潇洒，给人一种轻松感。画面中的线条看似随意，其实并未影响对景物形体结构的准确表达，其多样性与统一性很好地结合起来了。

图3.29　石头水景线稿3（胡华中 绘）

图3.30　石头水景线稿4（胡华中 绘）

如图 3.31 所示，该作品上色手法大气，笔触的叠加和扩张使画面产生一种水彩画的效果，色彩丰富，运笔自由灵活，根据物体的不同材质用不同的笔触，使水有透明感，石头有坚硬感，植物有生命力。

图 3.31　石头水景色稿 1（胡华中 绘）

如图3.22、图3.33所示，作品整体色调和谐，植物苍翠如滴，远处的植物用具有后退感的灰绿色表现，前后空间层次丰富；水用灰蓝色表现，并用修正液来提亮高光，使水面产生一种流动的效果。

图3.32　石头水景色稿2（胡华中 绘）

【图3.33 视频】

图3.33　石头水景色稿3（胡华中 绘）

三、小型建筑和景观小品表现

练习小型建筑和景观小品手绘效果图是表现简单空间的开始，为表现复杂空间做准备。练习时应注意不同植物的空间层次关系和线条的质感对比。

如图 3.34～图 3.36 所示，作品线条具有流畅的美感，有一气呵成之妙。建筑硬朗的线条和植物柔美的线条形成了鲜明的对比，整体画面的空间层次也很丰富。

【图 3.34 视频】

图 3.34　小型建筑线稿（胡华中 绘）

【图 3.35 视频】

图 3.35　景观小品线稿 1（胡华中 绘）

【图 3.36 视频】

图 3.36　景观小品线稿 2（胡华中 绘）

如图 3.37 所示，此幅作品线条简洁，运笔潇洒自如，色彩明朗。

【图 3.37 视频】

图 3.37　景观小品色稿（胡华中 绘）

如图 3.38～图 3.41 所示，作品色彩和谐，过渡自然，虚实得当，空间感很强。

图 3.38　景观亭表现 1（胡华中 绘）

【图 3.39 视频】

图 3.39　景观亭表现 2（胡华中 绘）

图3.40　景观小品表现1（胡华中 绘）

【图3.41 视频】

图3.41　景观小品表现2（胡华中 绘）

四、人物表现

通常在手绘效果图中，人物是配景，只要画出概括的形态就可以。画好人物需要学习人体结构学和人体运动学。

人体比例通常以人的头部为单位测量身体各部位的尺度，比如人的上肢约为 3 个头长，下肢约为 3.5 个头长，肩的宽度约为 2 个头长。在画草稿时，以头的长度来确定全身的比例。人们常说的“立七、坐五、蹲三”就是如此。人体中，大的体块有头部、胸部、臀部和四肢，其中胸部和臀部是最大的两个体块，脊椎的灵活性使这两大体块产生了多样的变化，掌握这两大体块的运动规律是画好动态人物的关键。手绘效果图中的人物分为近景人物、中景人物、远景人物。人物的高度要依据视平线来决定。人物表现如图 3.42、图 3.43 所示。

图 3.42　人物表现 1（胡华中 绘）

图 3.43 人物表现 2（胡华中 绘）

五、汽车表现

汽车是建筑、园林景观手绘效果图中的配景，画的时候应注意汽车与周围环境的比例关系，还应注意车轮的透视关系。汽车的材质光亮，高光明显。汽车的色彩要根据环境来定，如在大面积绿色植物的手绘效果图中，可适当点缀红色的汽车；在水景旁边，可以画橙色或黄色的汽车。汽车表现如图 3.44、图 3.45 所示。

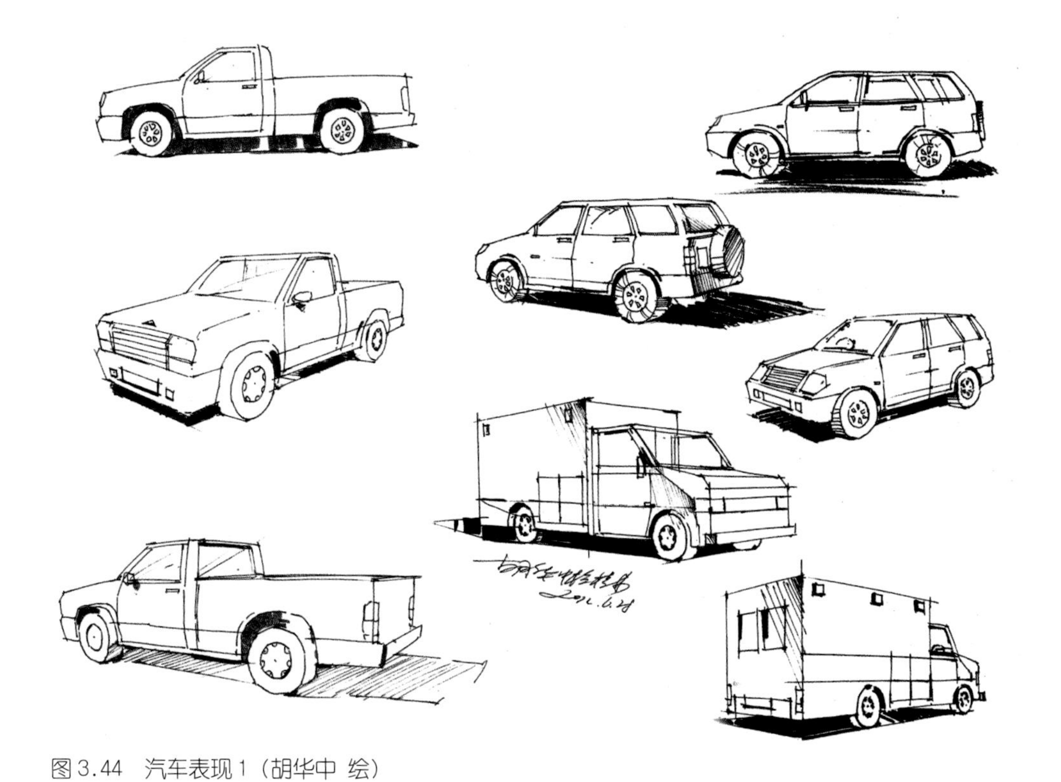

图 3.44　汽车表现 1（胡华中 绘）

图 3.45　汽车表现 2（胡华中 绘）

第二节 平面图、立面图和剖面图手绘表现

在园林景观设计的方案设计阶段，需要通过平面图、立面图和剖面图综合表现设计师的设计构想，使设计方案能直观地传达给客户。在练习手绘平面图、立面图和剖面图的过程中，要锻炼线条、构图、比例、结构的表现能力及深化草图的能力，用不同的表现技法和表现形式表达园林景观的设计思想和意图。一般要求通过园林景观手绘专业的实践，独立完成园林景观设计手绘全套方案（概念设计草图、平面图、立面图、剖面图及精细效果图）。

在园林景观设计的深化设计阶段，也会大量使用到手绘，这个阶段主要是通过手绘表现工艺断面结构图、局部效果图等。在国外，景观设计企业大多运用手绘表现扩初方案设计。可以看出，景观设计行业对设计师手绘表现能力的要求越来越高，设计师不仅要会画透视图，还要会画平面图、立面图和剖面图，并且具备一定的综合艺术修养。

图3.46所示的平面图色彩统一和谐、清新淡雅，各元素色彩纯度、明度控制得当；树木色调统一，少量不同颜色景观树的点缀丰富了画面色彩效果；整体地面铺装色彩纯度较低，但健身区和儿童游乐区地面铺装色彩较鲜艳，二者形成对比；平面图中的建筑、公共设施、景观小品等采用红色绘制，以达到突出的目的。

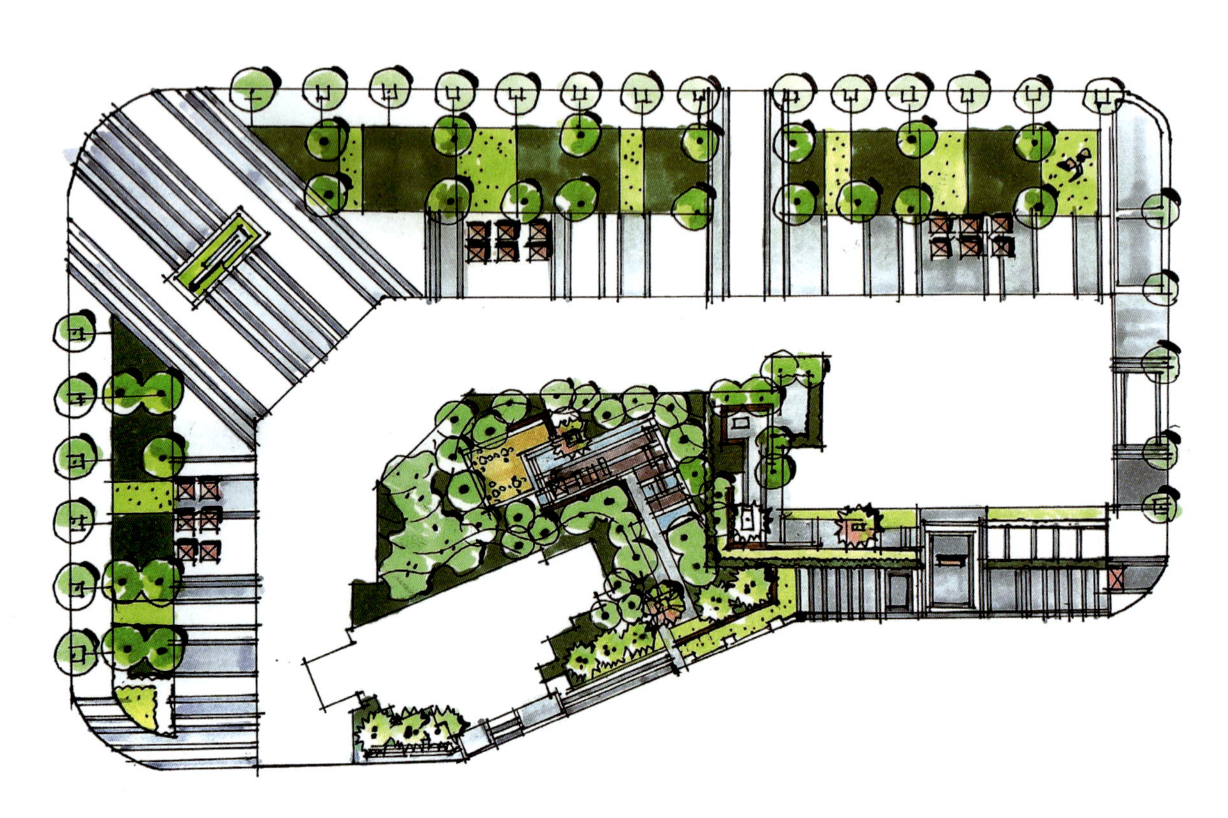

图3.46 居住区景观节点设计平面图（胡华中 绘）

如图 3.47 所示，此幅景观平面图十分细腻，草地用黄绿色，树木用深绿色，水面用浅蓝色，木质平台用浅褐色，铺装用深灰色和浅灰色，景观亭用浅粉色，画面色彩鲜艳醒目，层次感较强。

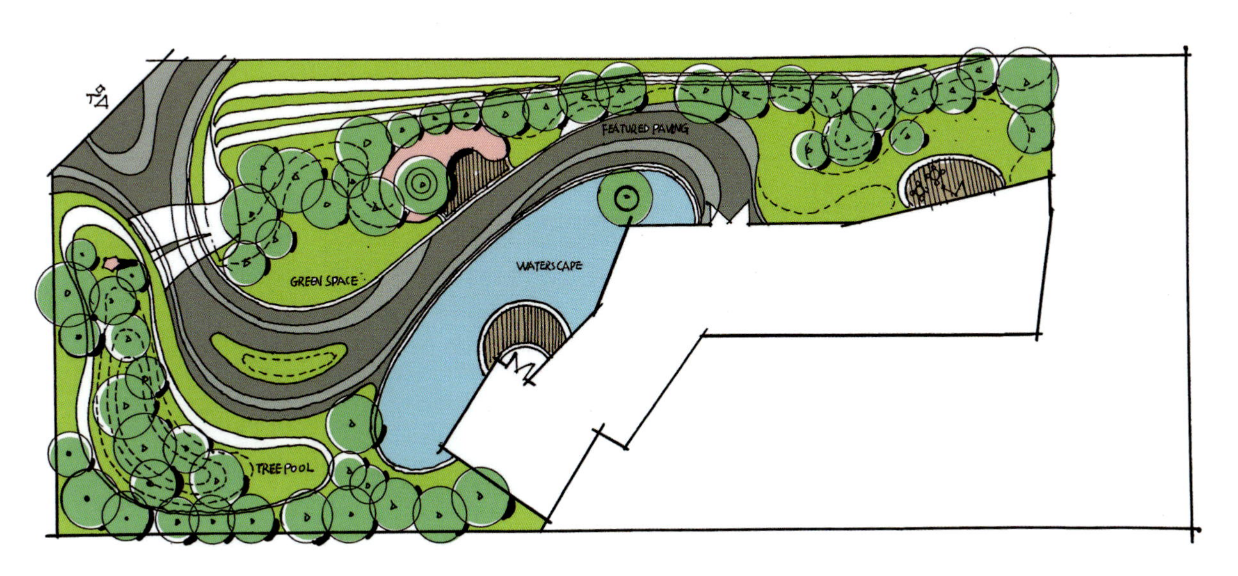

图 3.47　售楼部景观平面图（胡华中 绘）

图 3.48～图 3.55 为小区立面图、平面图、木座凳效果图、局部剖面详图，以及铺装大样图。

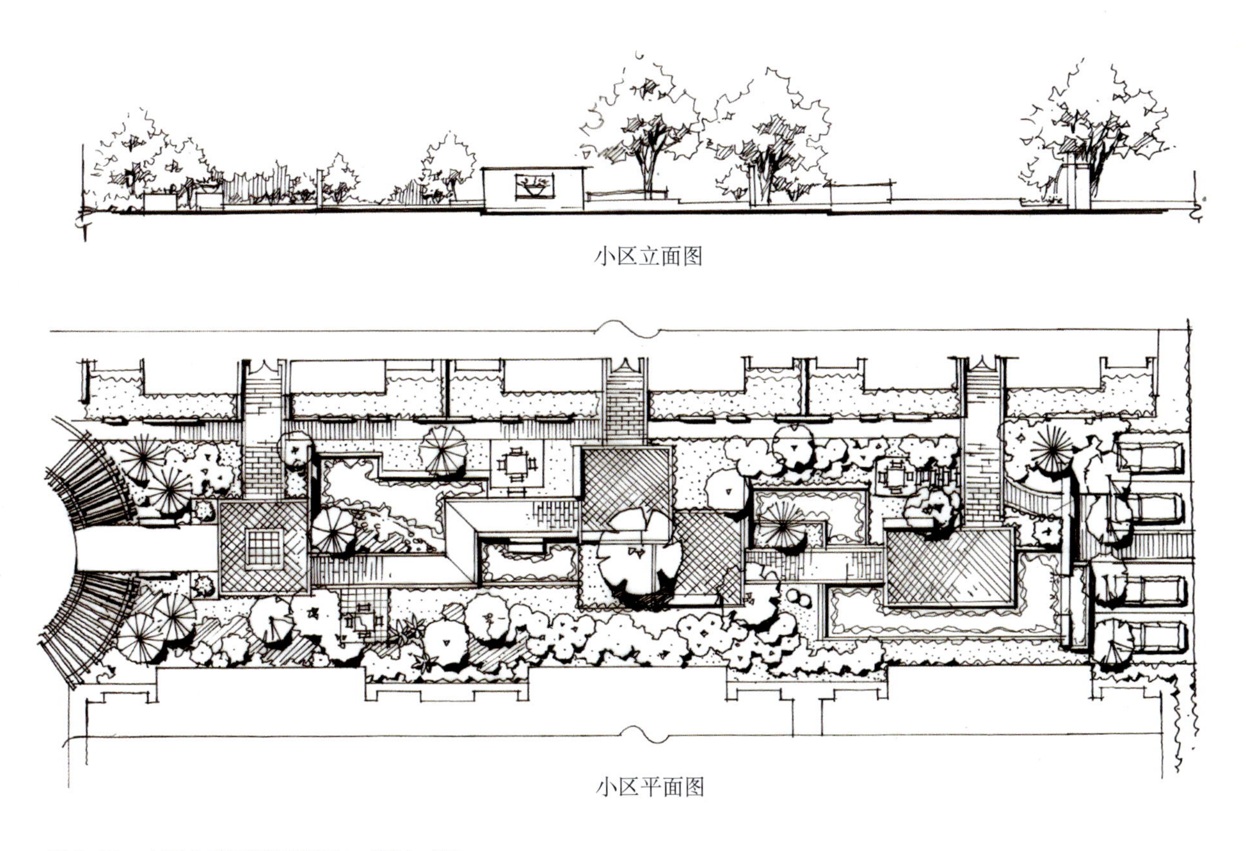

图 3.48　小区立面图和平面图 1（闫杰 绘）

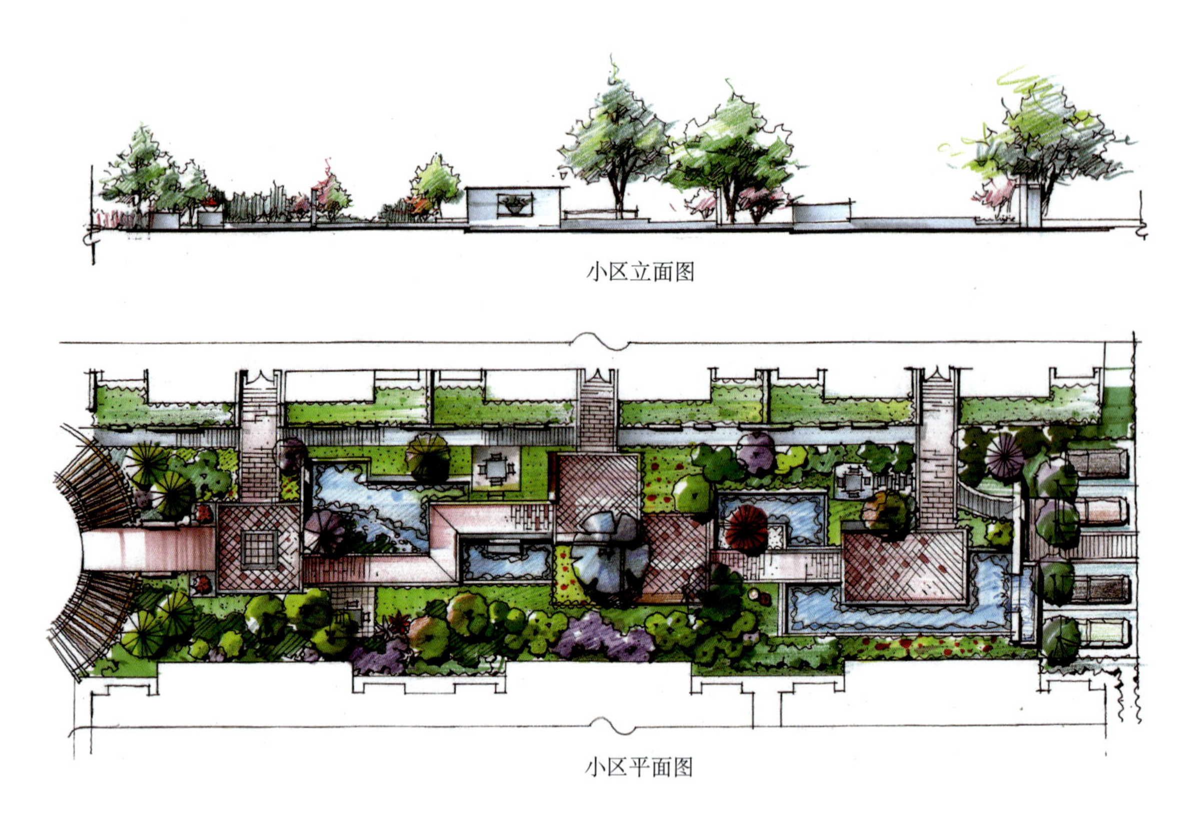

图 3.49　小区立面图和平面图 2（闫杰 绘）

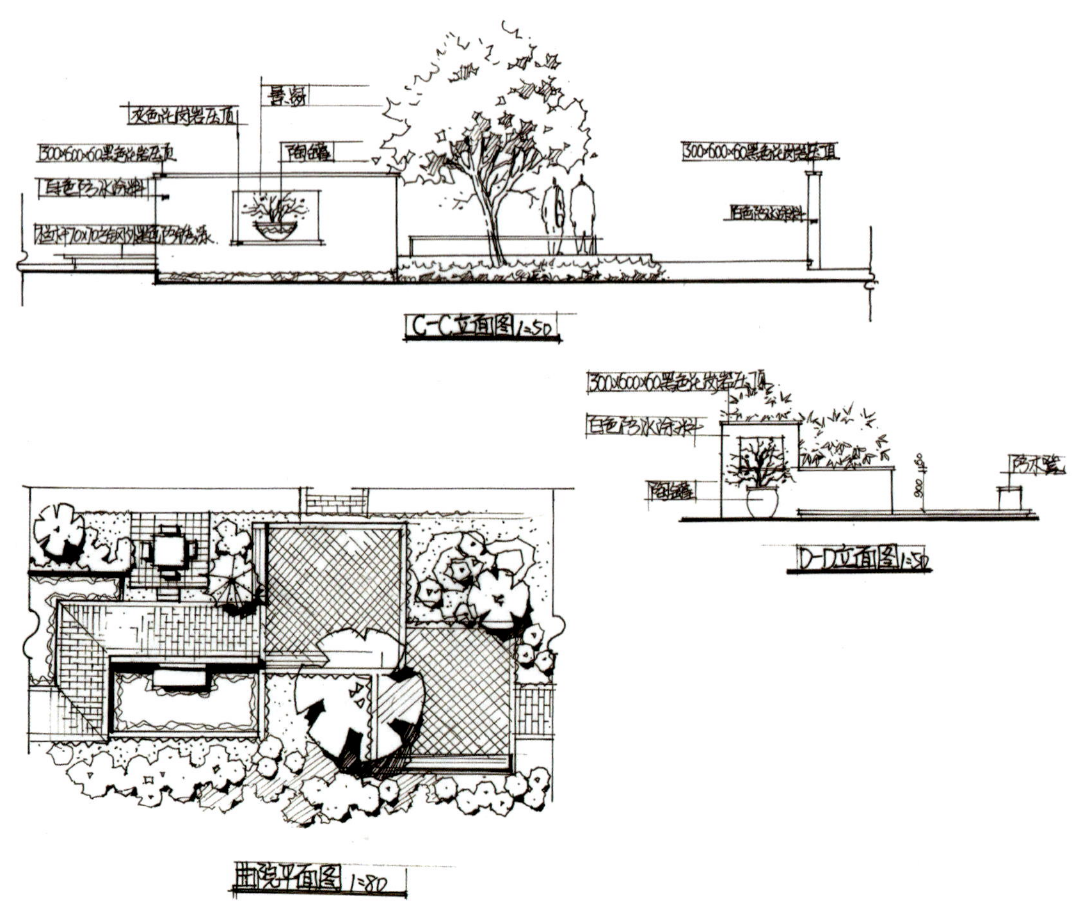

图 3.50　小区立面图和平面图 3（闫杰 绘）

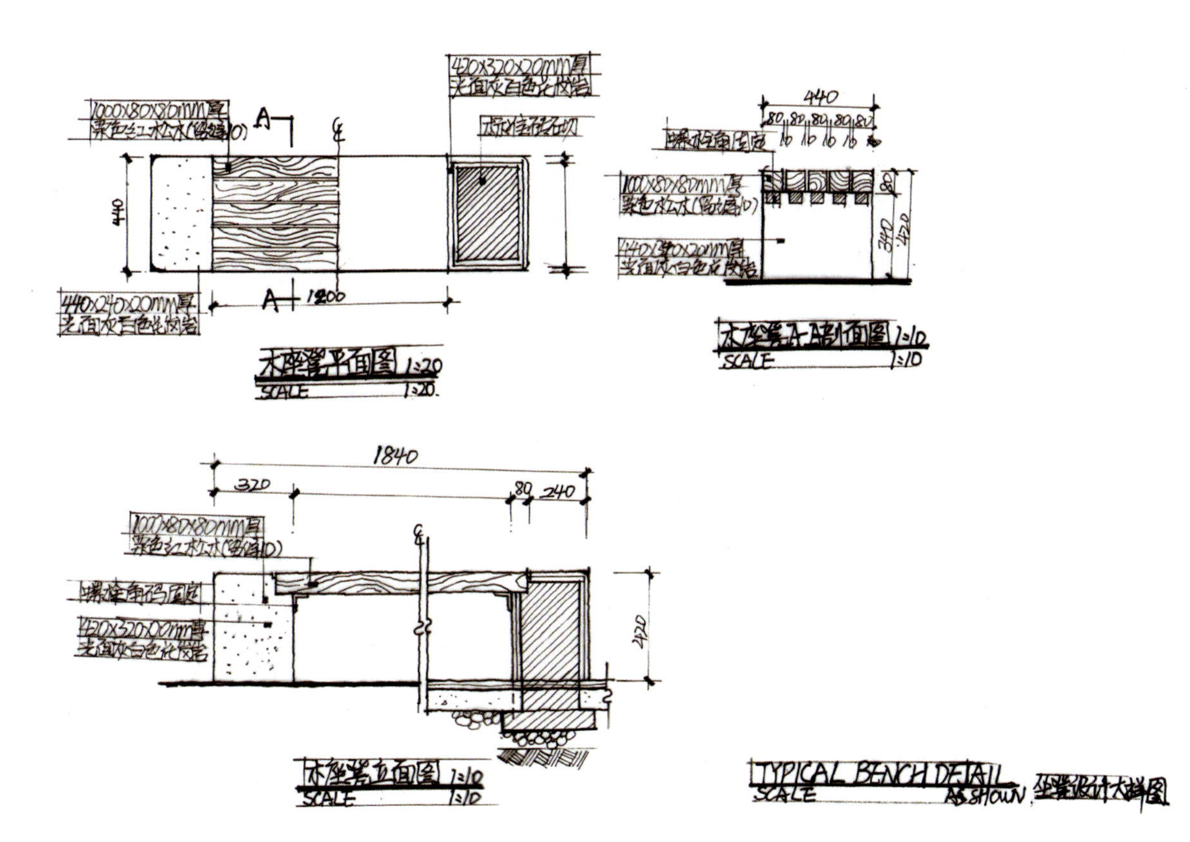

图 3.51 小区木座凳效果图 1（闫杰 绘）

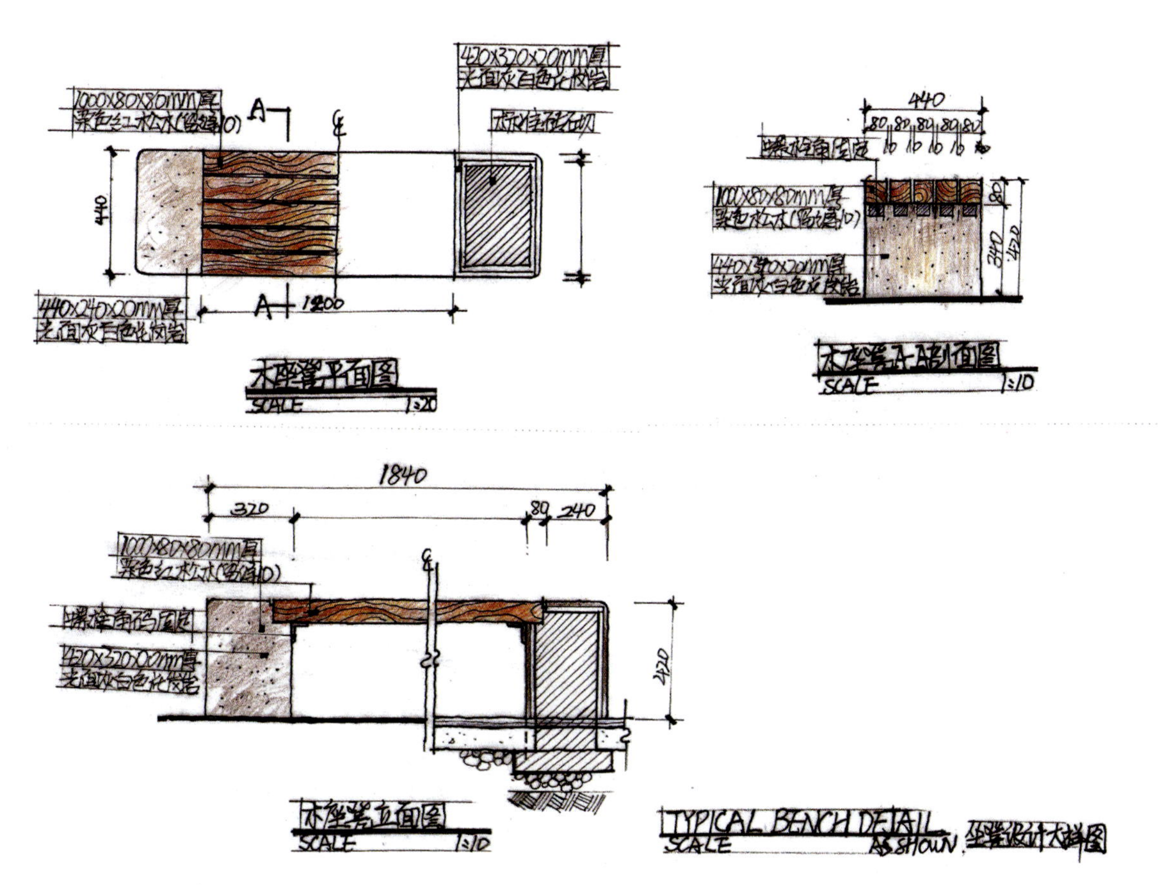

图 3.52 小区木座凳效果图 2（闫杰 绘）

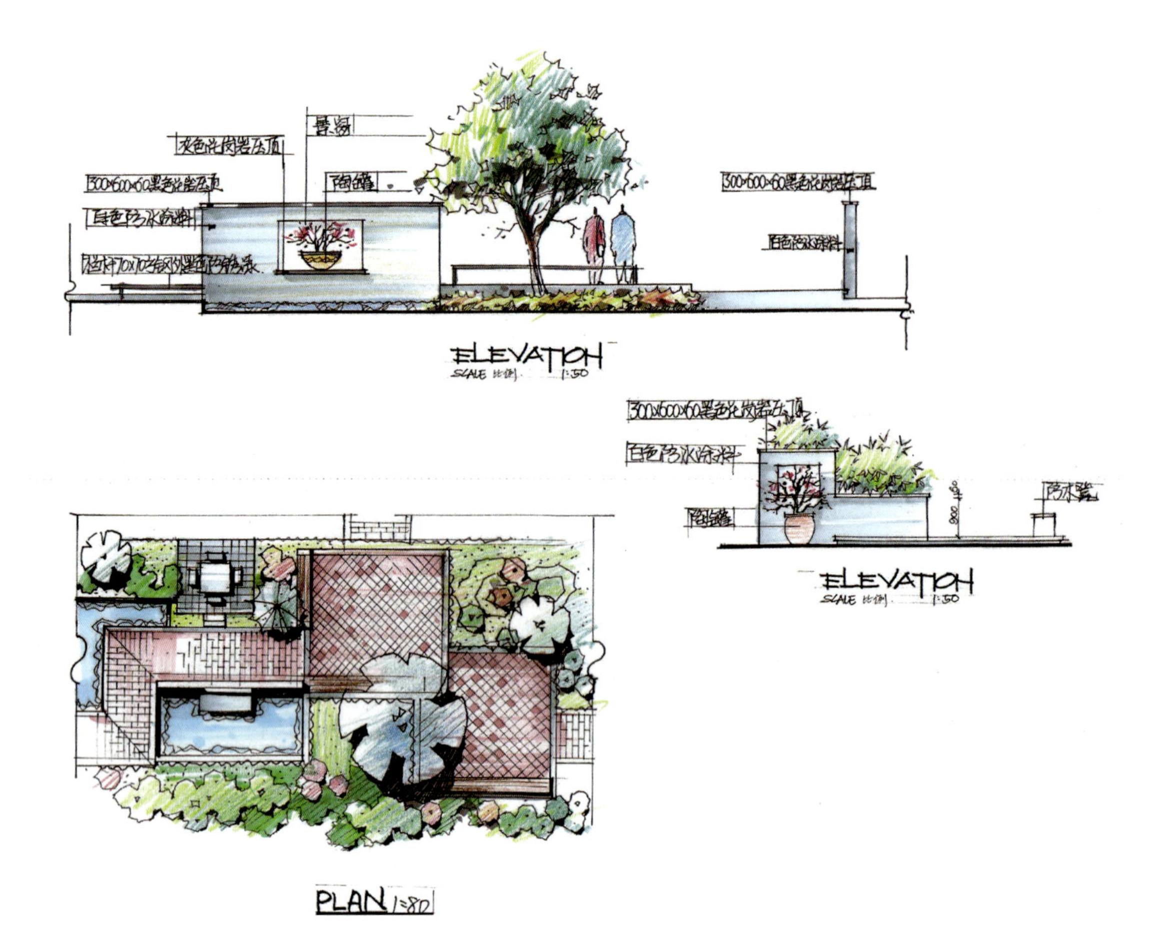

图 3.53 小区局部剖面详图 1（闫杰 绘）

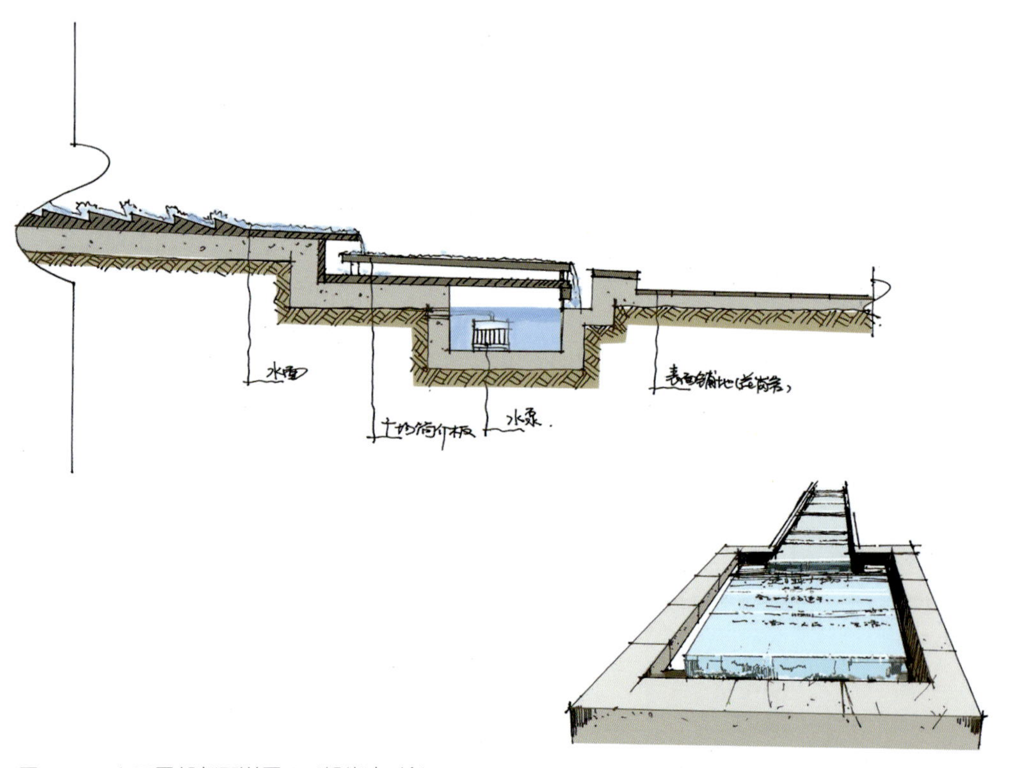

图 3.54 小区局部剖面详图 2（胡华中 绘）

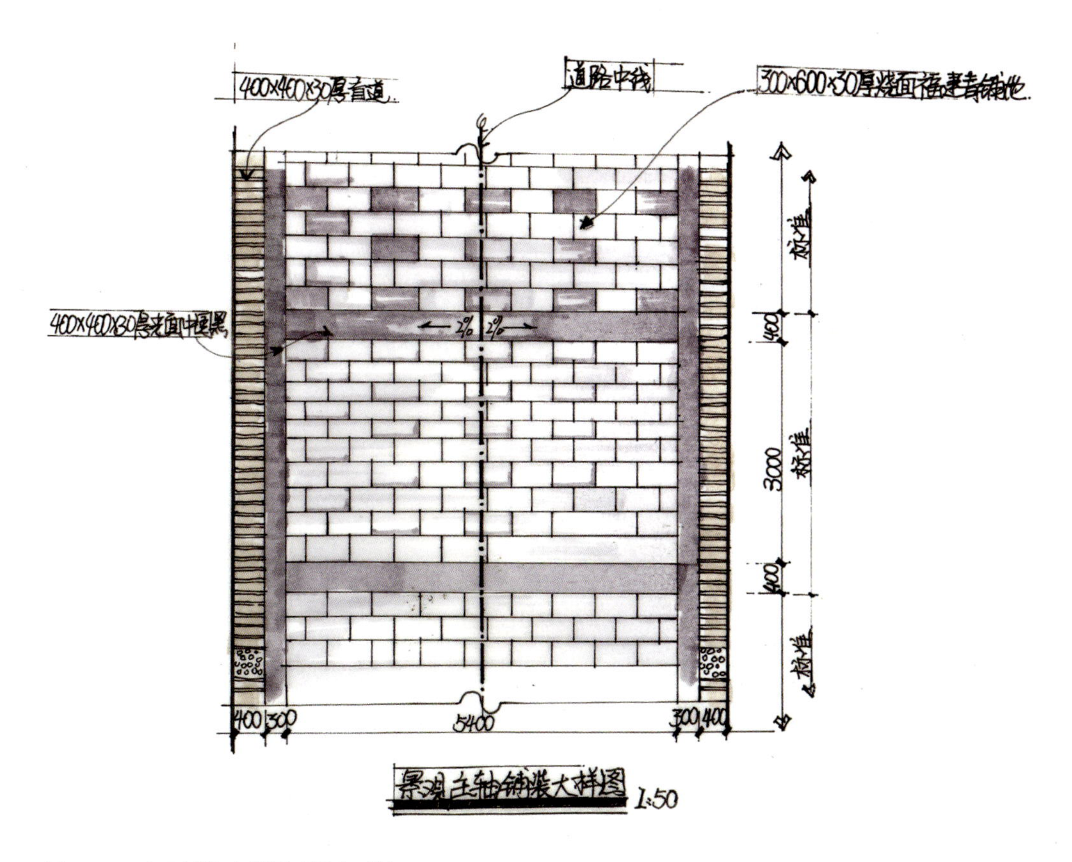

图 3.55　小区铺装大样图（闫杰 绘）

第三节　建筑、园林景观设计手绘表现

建筑设计是指建筑物还没有建造出来的前期构想，建筑设计师按照建筑的实用、美观、经济的原则，将建筑施工过程和使用过程中存在的或可能发生的问题先做好整体的设想，拟订好解决方案，用图纸和文字表达出来。在计算机产生之前，建筑设计师都是用手绘草图的形式表现设计构思的。

无论在中国还是在外国，景观都是一个美丽而难以说清的概念。地理学家把景观作为一个科学名词，定义为一种地表景象，或综合自然地理区，或呈一种类型单位的统称，如城市景观、草原景观、森林景观等；艺术家、设计师把景观作为表现与再现的对象，相当于风景园林设计师将景观作为建筑物的配景或背景；生态学家把景观定义为生态系统；旅游学家把景观当作一种资源；而更常见的是，景观被城市美化运动者和开发商认为是城市的街景立面、霓虹灯或房地产项目中的园林绿化等。景观设计的目的是改善人们的生存环境，不断满足人们的生活需求，因此景观设计需要注重以人为本、因地制宜、经济实用、绿色环保，只有这样，景观设计才能可持续发展。

一、别墅设计表现

别墅因其独特的建筑特点，在设计上区别于一般的居住空间。别墅设计不仅要进行室内设计，还要进行室外设计。别墅类型有度假别墅、私家别墅、商务别墅等。别墅设计的五个要素：地段、地形、地貌、地脉；设计和质量；配套的兼容性；园林绿化；物业管理。别墅与一般居住空间不同，通常有相对独立的私家花园及宽敞的居住空间。别墅设计表现如图 3.56～图 3.76 所示。

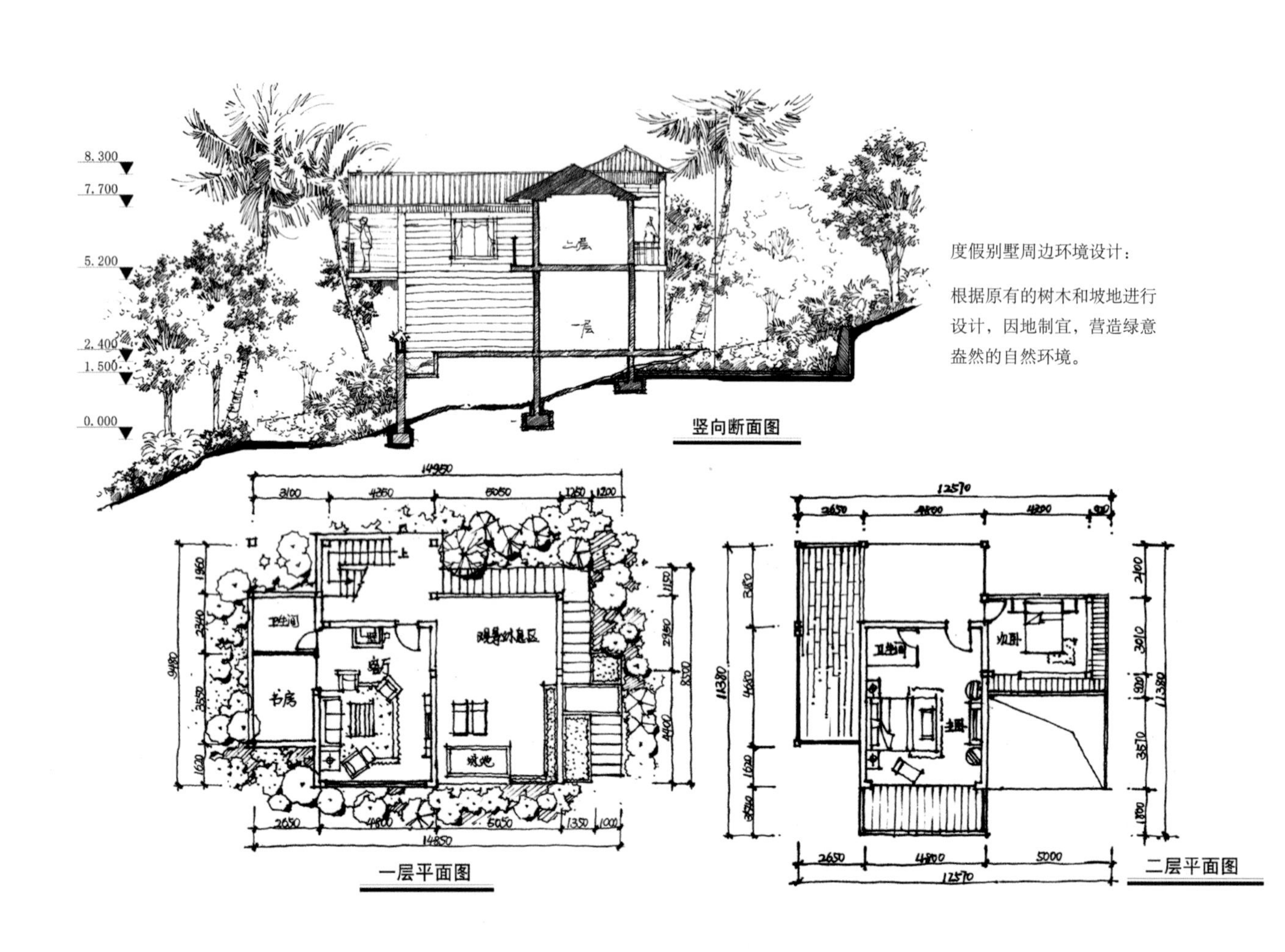

图 3.56　别墅断面图和平面图表现（闫杰 绘）

图 3.57　别墅设计表现 1（闫杰 绘）

【图 3.58 视频】

图 3.58　别墅设计表现 2（胡华中 绘）

【图 3.59 视频】

图 3.59 别墅设计表现 3（胡华中 绘）

图 3.60 别墅设计表现 4（夏克梁 绘）

图 3.61　别墅设计表现 5（胡华中 闫杰 绘）

【图 3.62 视频】

图 3.62　别墅设计表现 6（胡华中 绘）

图 3.63　别墅设计表现 7（胡华中 绘）

【图 3.64 视频】

图 3.64　别墅设计表现 8（胡华中 绘）

图 3.65　别墅设计表现 9（夏克梁 绘）

图 3.66　别墅设计表现 10（夏克梁 绘）

图 3.67　别墅设计表现 11（夏克梁 绘）

图 3.68　别墅设计表现 12（胡华中 绘）

图 3.69　别墅设计表现 13（胡华中 绘）

此幅手绘作品构图巧妙，以疏密不同的乔木作为画面左、右两侧的收口；建筑物和石头的刻画到位，素描关系强烈，立体感强；冷灰色和蓝色的叠加使水体呈蓝灰色调，并用修正液提亮高光，使流水显得更加透亮。

【图 3.70 视频】

图 3.70　别墅设计表现 14（胡华中 绘）

图3.71　别墅设计表现15（胡华中 绘）
此幅手绘作品色彩明快，运笔洒脱，冷暖和明暗对比强烈，主体物突出，画面聚焦感很强。

图3.72　度假别墅设计表现1（胡华中 绘）

图 3.73　度假别墅设计表现 2（胡华中　闫杰　绘）

图 3.74　独栋别墅设计表现 1（胡华中　闫杰　绘）

图 3.75　独栋别墅设计表现 2（闫杰 绘）

图 3.76　独栋别墅设计表现 3（胡华中 绘）

此幅作品色彩冷暖对比强烈，暗部偏冷，亮部偏暖；远山偏青色，近处建筑物偏黄色，地面木栈道偏褐色，空间感很强。

二、公共建筑设计表现

党的二十大报告提出，要“推动能源清洁低碳高效利用，推进工业、建筑、交通等领域清洁低碳转型”。绿色城市公共建筑设计成为当下的趋势，要充分考虑通风、采光，利用太阳能、雨水等自然资源。公共建筑指人们进行各种公共活动的建筑场所，包含办公建筑（如写字楼、行政办公楼等），商业建筑（如商场、金融建筑等），旅游建筑（如酒店、民宿等），科教文卫建筑（如用于科学、教育、文化、卫生事业的建筑等），通信建筑（如邮电、通信、广播用房等）及交通运输类建筑（如机场、高铁站、汽车站等）。公共建筑设计表现如图 3.77～图 3.89 所示，电脑效果图和手绘效果图对比如图 3.90、图 3.91 所示。

图 3.77 公共建筑设计表现 1（胡华中 绘）

图 3.78　公共建筑设计表现 2（胡华中 绘）
此幅手绘作品色彩明快，建筑的玻璃幕墙与蓝色天空和谐统一。建筑上部留白，中部用鲜艳的蓝色，底部叠加深灰色，显得稳固而挺拔；采用仰视角度，建筑高耸入云，气势感很强。

图 3.79　公共建筑设计表现 3（胡华中 绘）
此幅手绘作品巧妙地运用了互补色，使冷色不那么生硬，暖色不那么浮躁；笔触章法统一，色彩明亮、透气。

图 3.80 公共建筑设计表现 4（胡华中 绘）

此幅手绘作品线条刚劲有力、疏密有序，调子丰富，空间层次分明，植物造型简洁概括。

图 3.81 公共建筑设计表现 5（胡华中 绘）

图3.82　公共建筑设计表现6（胡华中 绘）
此幅手绘作品以粗线条表现，运笔流畅，干净利落；色彩块面感较强，很有表现力，体现了建筑设计草图的速度感和概括性。

图3.83　公共建筑设计表现7（胡华中 闫杰 绘）

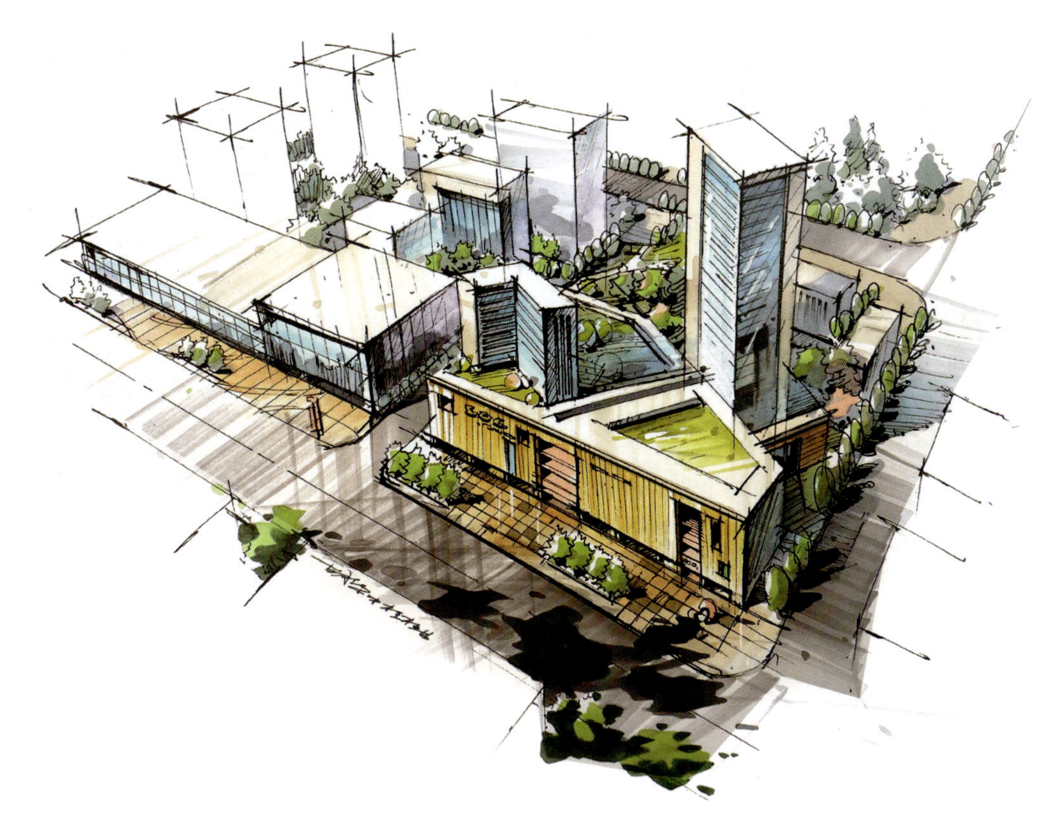

图 3.84　公共建筑设计表现 8（胡华中 绘）

【图 3.85 视频】

图 3.85　公共建筑设计表现 9（胡华中 绘）

图 3.86　公共建筑设计表现 10（胡华中 绘）

图 3.87　公共建筑设计表现 11（胡华中 绘）

此幅手绘作品有水彩晕染的效果，先用水溶性彩色铅笔轻轻地涂在素描纸上，然后用小毛笔蘸水来溶解。

图 3.88 公共建筑设计表现 12（胡华中 绘）

【图 3.89（1）视频】 【图 3.89（2）视频】

图 3.89 公共建筑设计表现 13（胡华中 绘）
此幅手绘作品体现了设计草图的特色——快，线条潇洒、流畅，体现了设计师的自信。马克笔上色笔触多变，使画面具有较强的动感。

【图 3.90 视频】

图 3.90　公共建筑设计电脑效果图和手绘效果图对比 1（胡华中 绘）

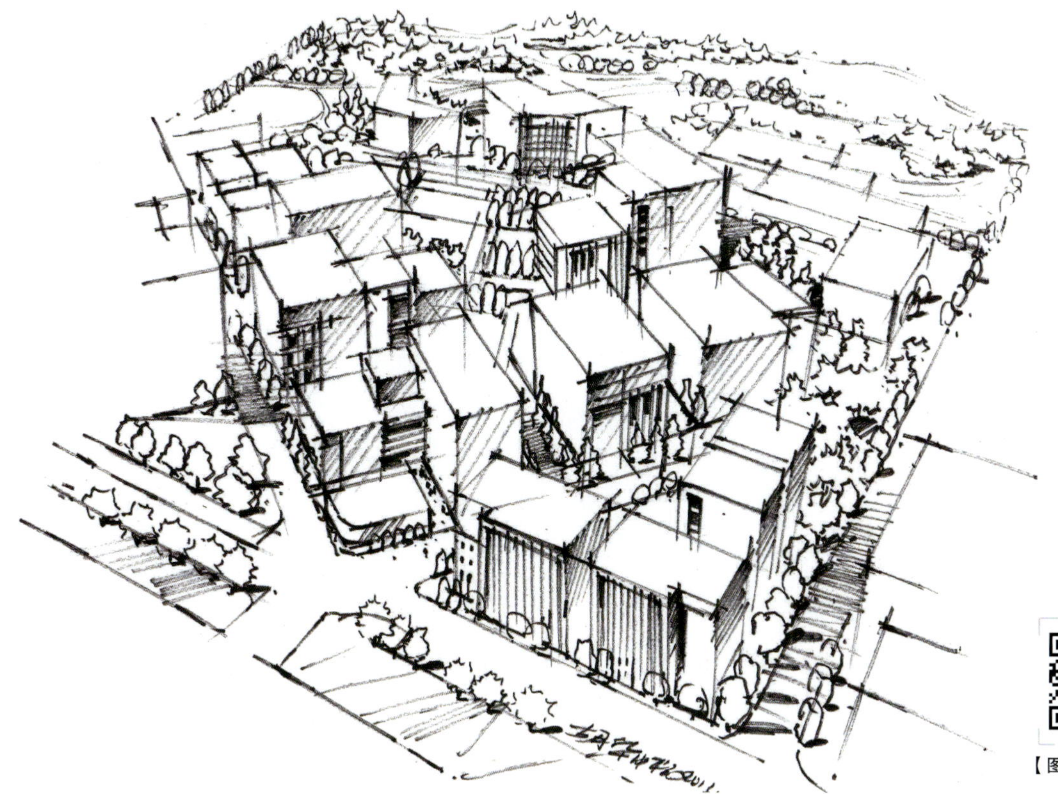

【图 3.91 视频】

图 3.91 公共建筑设计电脑效果图和手绘效果图对比 2（胡华中 绘）

三、居住区园林景观设计表现

居住区园林景观设计包括对用地自然状况的研究和利用，对空间关系的处理与发挥，对居住区整体风格的融合与协调，包含道路布置、水景组织、路面铺砌、照明设计、小品设计、公共设施设计等。这些方面既涉及使用功能，又涉及视觉和心理感受。在进行设计时，应注意整体性、实用性、艺术性、趣味性的结合。居住区园林景观平面图及设计表现如图3.92～图3.115所示，其中图3.92～图3.102为居住区园林景观设计，借鉴了苏州古典园林的空间设计方法，曲折多变，意境深远。苏州古典园林展现了中华优秀传统文化，对现代居住区景观设计有重要的参考价值。这体现了党的二十大报告中的“中华优秀传统文化得到创造性转化、创新性发展”。

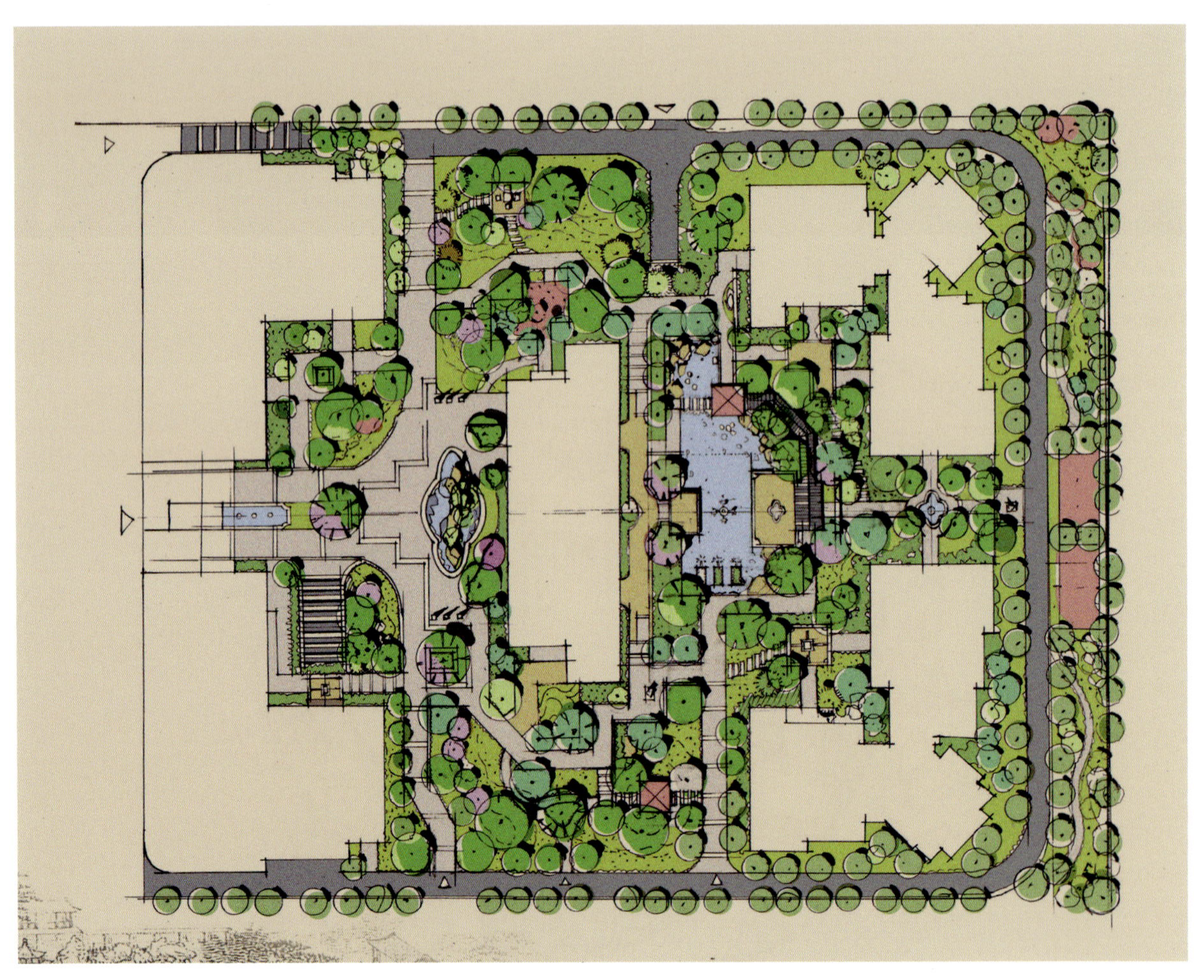

图3.92 居住区园林景观平面图1（胡华中 绘）
此幅平面图色彩明快，以黄绿色为主，局部点缀粉色和蓝色。考虑到此小区的建筑是新中式风格，所以地面铺装色彩清新、雅致。

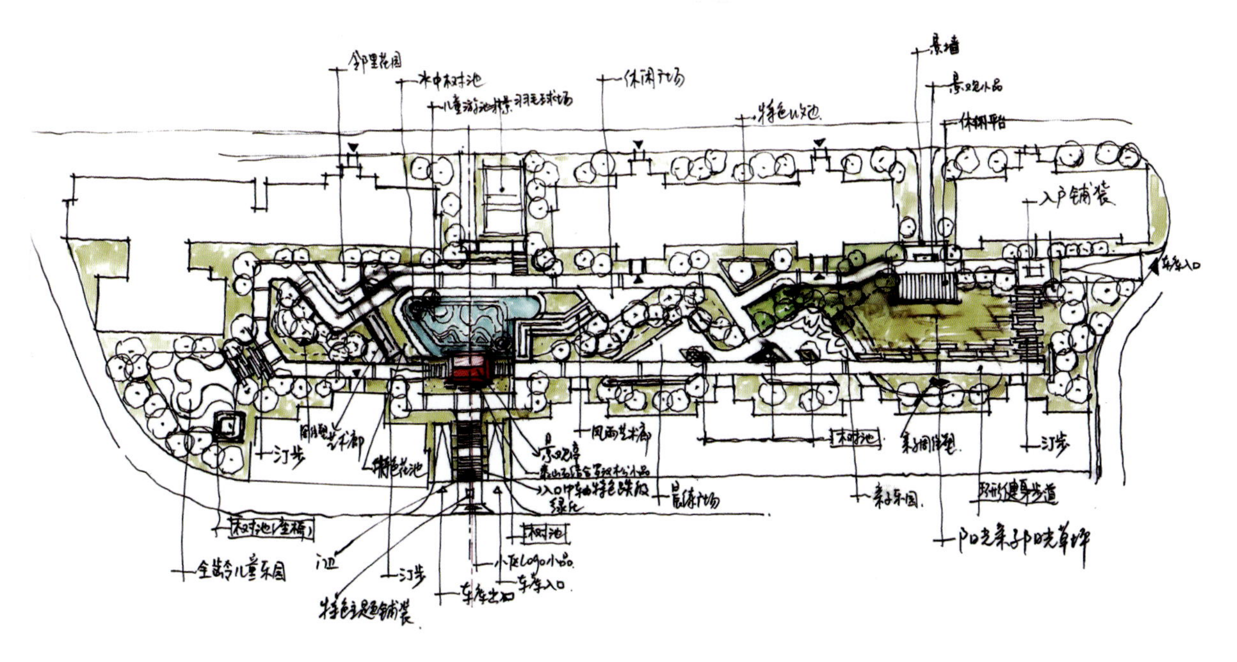

图 3.93　居住区园林景观平面图 2（胡华中 绘）

图 3.94　居住区园林景观设计表现 1（闫杰 绘）

图3.95　居住区园林景观设计表现2（胡华中 绘）

图3.96　居住区园林景观设计表现3（闫杰 绘）

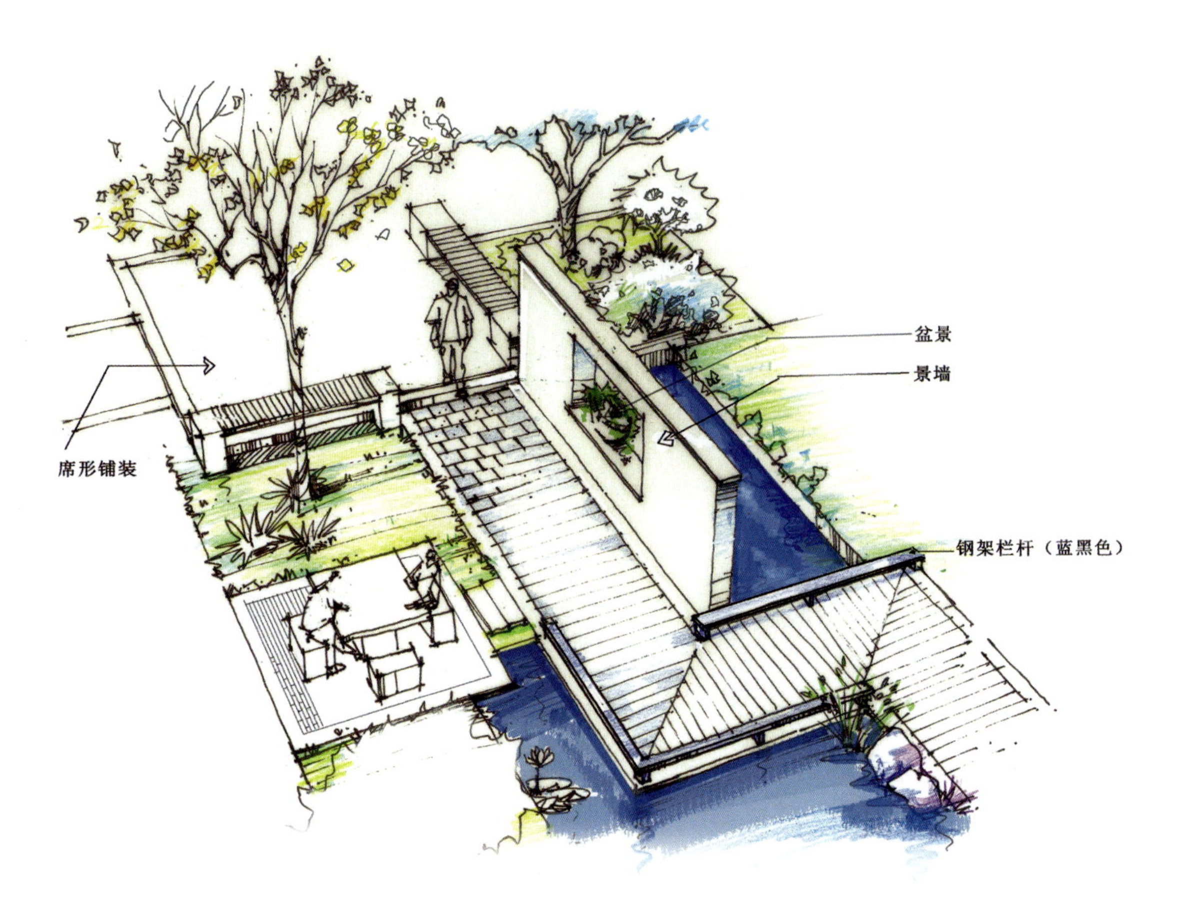

图 3.97　居住区园林景观设计表现 4（闫杰 绘）

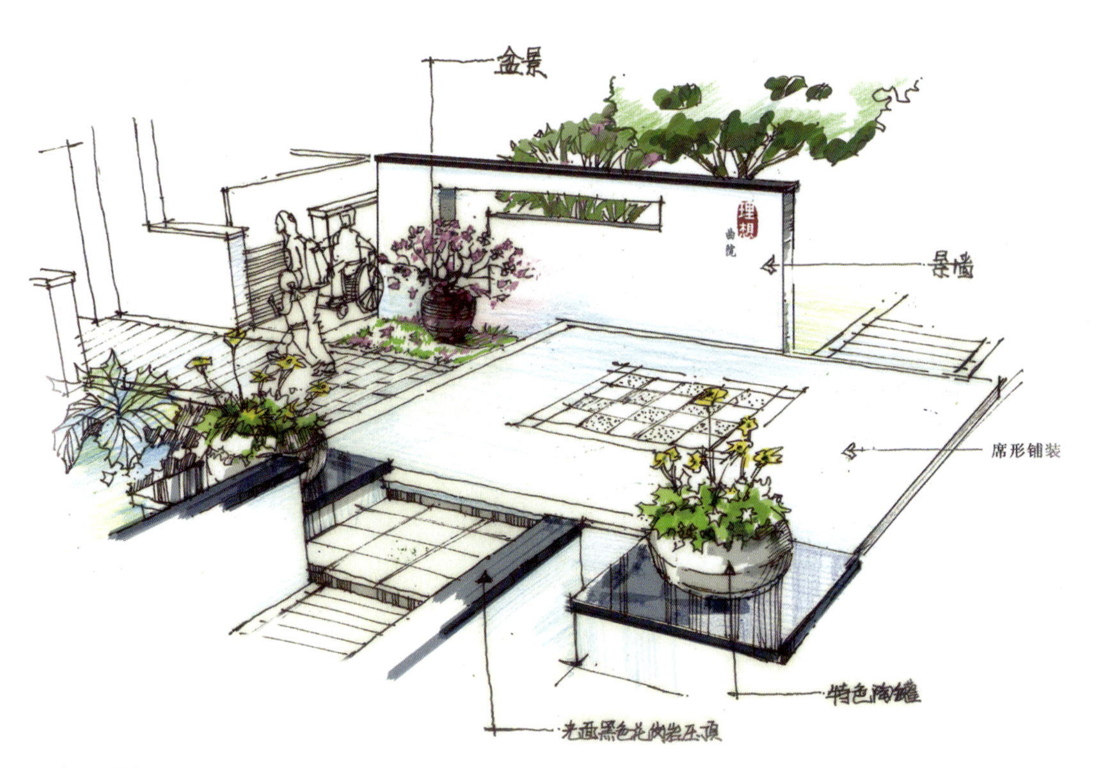

图 3.98　居住区园林景观设计表现 5（闫杰 绘）

图 3.99　居住区园林景观设计表现 6（闫杰 绘）

图 3.100　居住区园林景观设计表现 7（闫杰 绘）

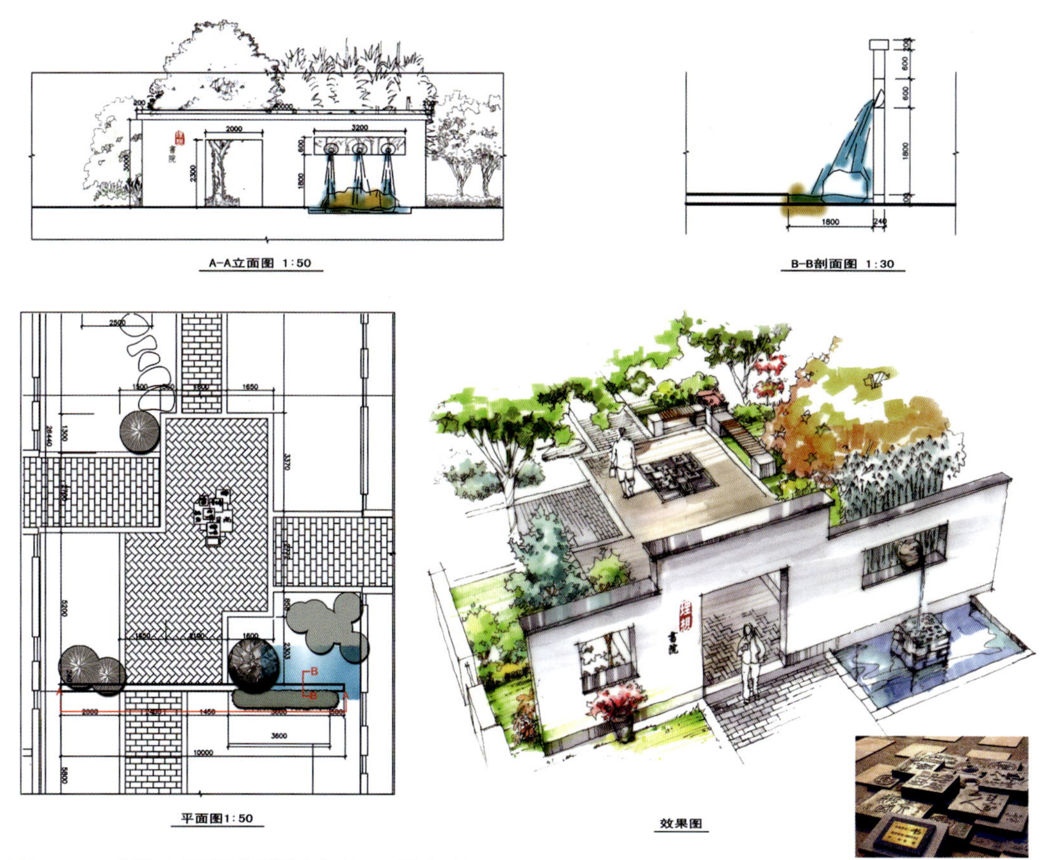

图 3.101 居住区园林景观设计表现 8（闫杰 绘）

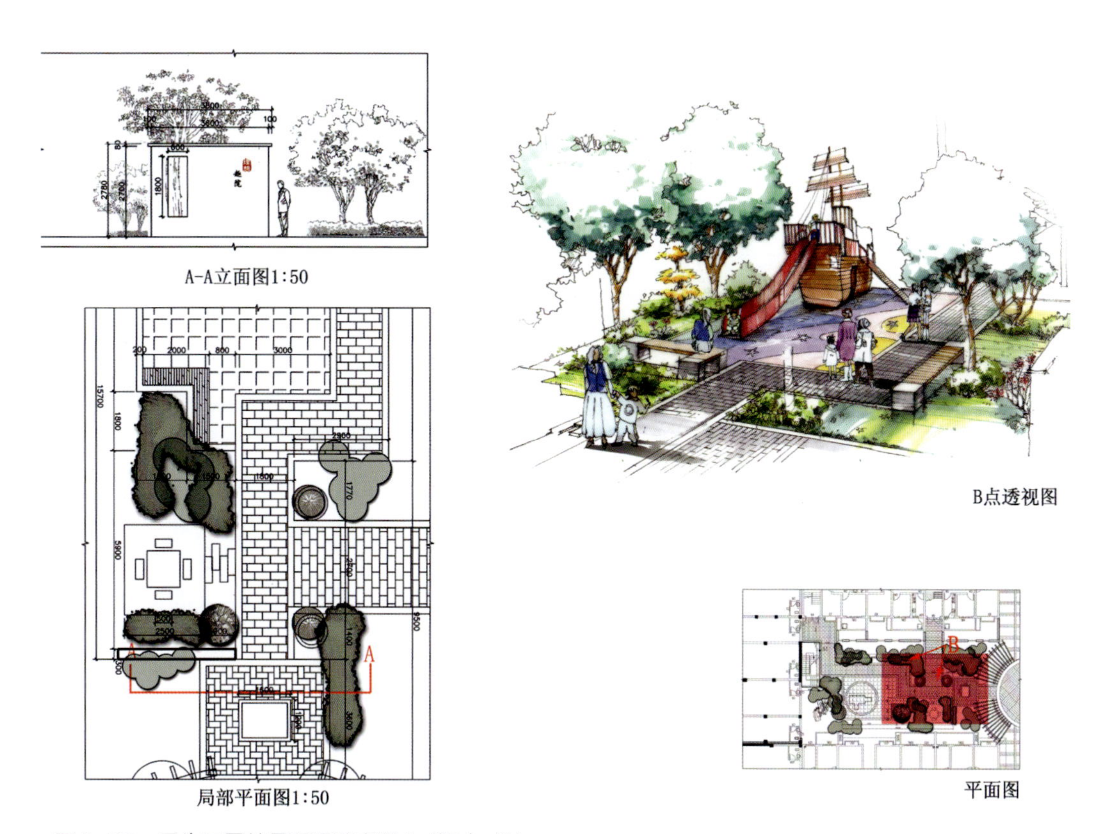

图 3.102 居住区园林景观设计表现 9（闫杰 绘）

图 3.103　居住区园林景观设计表现 10（胡华中 绘）

图 3.104　居住区园林景观设计表现 11（胡华中 绘）
此幅作品色彩冷暖对比强烈，使用了红绿互补色，用色大胆，色彩丰富又不失统一性。

图 3.105　居住区园林景观设计表现 12（胡华中 绘）

图 3.106　居住区园林景观设计表现 13（胡华中 绘）

图3.107　居住区园林景观设计表现14（胡华中 绘）

图3.108　居住区园林景观设计表现15（闫杰 绘）

图 3.109 居住区园林景观设计表现 16（胡华中 绘）

图 3.110 居住区园林景观设计表现 17（胡华中 绘）

【图 3.111 视频】

图 3.111　居住区园林景观设计表现 18（胡华中 绘）

图 3.112　居住区园林景观设计表现 19（闫杰 绘）

图 3.113　居住区园林景观设计表现 20（闫杰　绘）

图 3.114　居住区园林景观设计表现 21（闫杰　绘）
此幅作品用笔流畅、潇洒，带有设计草图特有的轻松、自然的感觉。画面色彩关系微妙，清新淡雅。

图 3.115　居住区园林景观设计表现 22（闫杰 绘）
此幅作品色彩统一，暗部大面积使用蓝灰色，显得特别透气。亮部用与暗部颜色反差较大的黄绿色，形成强烈的冷暖对比，使画面充满阳光感。在画面中点缀小面积的红色、黄色，丰富了画面的色彩和气氛。

四、城市广场景观设计表现

党的二十大报告提出，要“加强城市基础设施建设，打造宜居、韧性、智慧城市”。广场是城市基础设施之一，是衡量人民幸福的重要指标之一。城市广场分为市政广场和市民广场，市政广场强调对称、大气、庄重，往往和市政大楼结合一体；市民广场强调亲和力，是城市居民生活娱乐的中心，是城市的重要组成部分，也是人流集中、车流集散的场所。市政广场和市民广场被誉为“城市的名片”。在设计前期，需要了解广场规划设计的基本要素，还应注重地形、植物、建筑小品、娱乐设施等空间的塑造。把人物加入场景中，会使整个画面充满生机，而不仅仅是冷硬的铺装设计。城市广场景观设计平面图及设计表现如图 3.116～图 3.118 所示。

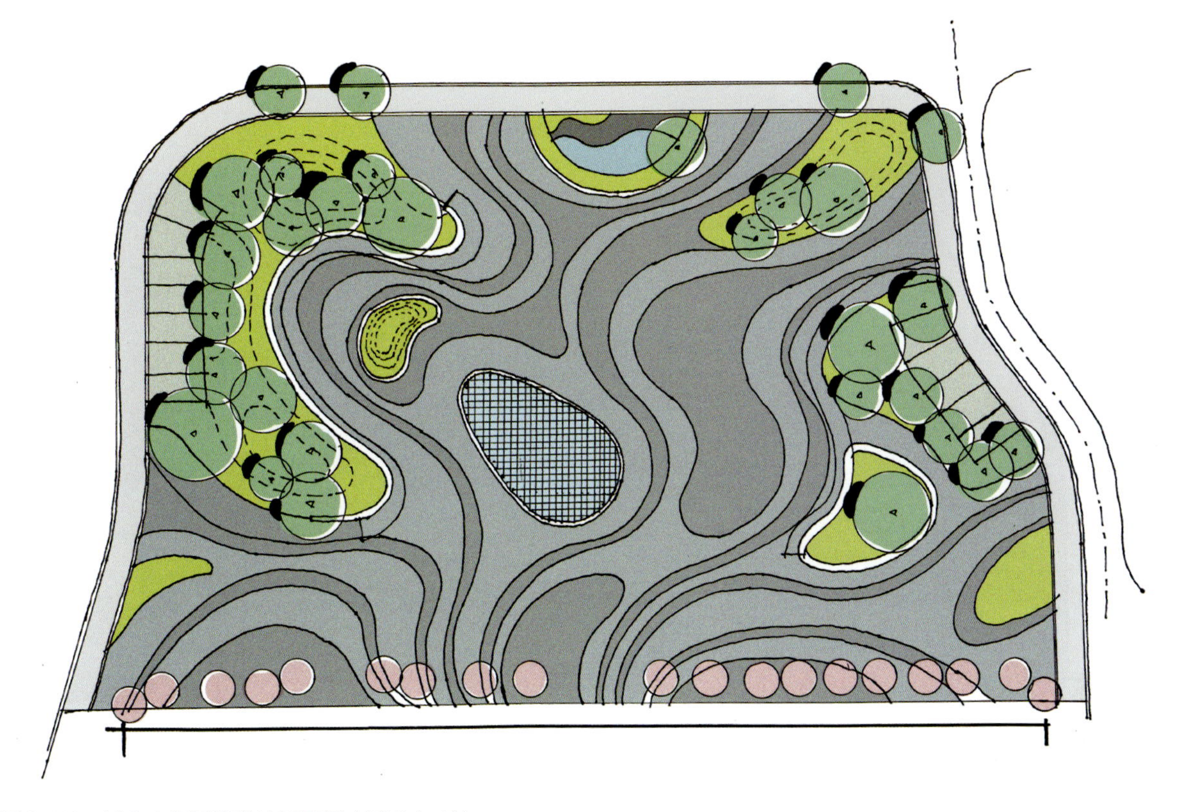

图 3.116 城市广场景观设计平面图（胡华中 绘）

图 3.117 城市广场景观设计表现 1（闫杰 绘）

图3.118 城市广场景观设计表现2（尚龙勇 绘）

五、景区规划设计表现

景区规划设计应以人为本，从人的需要、兴趣出发，注意规划空间与自然环境的和谐，满足人的视觉和触觉等感官体验。进行景区规划设计时应注意：景区道路设计应是一个环状道路网，四通八达，方便游客游览景区；景区功能布局必须与周边自然环境相协调，尽可能减少对自然景观和古迹的破坏；尽量规划出连续的景观，并设置适宜休憩的场所，给游客美好的体验。景区规划手绘效果图应尽可能体现自然生态和富有亲和力的视觉效果。景区入口平面图、景区建筑表现、景区鸟瞰表现、景区规划表现、景区公共建筑俯视表现如图3.119～图3.132所示。

图 3.119 景区入口平面图（胡华中 绘）

此幅景区入口平面图在复印纸上直接上色，比起硫酸纸，复印纸的上色效果更加明快。马克笔运笔比较难把握，为了避免画面笔触凌乱，需要连续运笔，形成大色块。

图 3.120 景区建筑表现 1（胡华中 绘）

此幅作品色彩关系微妙，暗部统一用冷色调，亮部统一用暖色调；远处景物明暗和色彩对比较弱，近处景物则对比强烈，形成了很强的空间感。

图3.121 景区建筑表现2（胡华中 绘）

图 3.122　景区建筑表现 3（胡华中 绘）

图 3.123　景区建筑表现 4（胡华中 绘）

图3.124 景区建筑表现5（胡华中 绘）

图3.125 景区鸟瞰表现（胡华中 绘）

图 3.126 景区规划表现 1（闫杰 绘）

图 3.127 景区规划表现 2（胡华中 绘）
此幅作品运笔干脆利落，通过线条叠加来强化物体的质感和明暗关系，使空间的层次更加丰富。

图 3.128　景区规划表现 3（桂林沃尔特斯环境设计有限公司供稿）
此幅手绘作品空间感很强，利用透视规律很好地表现了园林景观的空间感；植物色调从近处向远处逐渐变冷，近处植物偏黄，远处植物偏青，有较强的空间延伸感。

图 3.129　景区规划表现 4（桂林沃尔特斯环境设计有限公司供稿）
此幅手绘作品暗部用冷灰色，亮部用黄色和黄绿色，冷暖的强烈对比很好地表现了室外空间的阳光感。

图 3.130　景区规划表现 5（桂林沃尔特斯环境设计有限公司供稿）

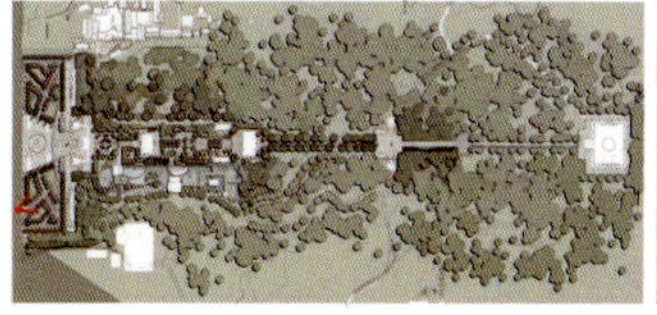

图 3.131　景区规划表现 6（桂林沃尔特斯环境设计有限公司供稿）

图3.132　景区公共建筑俯视表现（尚龙勇 绘）

本章小结

本章从建筑、园林景观配景入手，详细讲解了植物、石头水景、小型建筑、景观小品、人物、汽车、别墅、公共建筑等线描和上色技法。初学者应重点把握空间比例和色彩设计原理，需要在掌握理论的同时做大量的手绘练习。

习　　题

1. 思考建筑、园林景观设计手绘效果图的意义和价值。
2. 绘制植物50组。
3. 绘制石头水景10组。
4. 绘制园林景观平面图、立面图和剖面图各3幅。
5. 绘制建筑、园林景观手绘效果图各15幅。

第四章　室内设计手绘效果图表现

训练要求和目标

要求：掌握室内平行透视和成角透视的规律，能结合前面所学的设计基础，进行大量的室内空间手绘练习。

目标：能分析室内设计手绘效果图的优点、缺点，不断提高室内手绘效果图的表现能力，同时能结合专业所需，提高室内设计创新能力。

本章要点

单体线稿和上色训练。

室内平面图和立面图表现。

居住空间设计手绘表现。

商业空间设计手绘表现。

室内设计师在与客户沟通方案时，需要有室内平面图、立面图、空间效果图。为了提升工作效率，在设计前期，设计师一般采用手绘效果图来表达设计思想。手绘效果图既可以用来与电脑效果图制作人员沟通方案、与客户沟通设计构想，还可以辅助设计师不断推进设计方案，很多设计灵感往往在这一阶段产生。因此，室内设计师要具备一定的室内手绘效果图表现能力。前期可以临摹优秀的室内设计手绘作品，然后按照透视原理尝试将自己的平面效果图转换成立体效果图，逐渐养成用手绘表现设计的习惯。

第一节　单体表现

室内设计手绘效果图作为一种表现设计思想的视图语言，设计师借助它来实现设计创意，并把它作为与他人沟通的工具。学习室内效果图表现应该从基础入手，由易到难，循序渐进。练好单体是画好室内效果图的基础，可以先练习单体家具，然后练习组合家具，再练习空间表现，最后将线描与色彩训练相结合，从而达到行之有效的训练效果。

一、单体线描

画好单体是画好室内空间的基础，任何复杂的空间都是由多个单体组成的，室内空间中常见的单体有沙发、床、桌子、椅子、器物等。不同单体具有不同的造型和质感，绘制时要仔细观察，对形体进行分析，掌握形体的结构，抓住形体的主要特征，并从整体出发，把握线条的长短和透视方向，将形体准确而形象地表现出来。

练习单体线描时，尽量徒手去画，着重训练眼与手的协调能力，提高透视表现能力，锻炼敏锐的观察力和熟练的手绘技巧。在掌握单体手绘方法的同时，还需要将每个单体反复画几遍，甚至几十遍，不断地在实践经验中找到空间透视的规律。

进行单体线描时，应注意物体的基本形态，从整体出发，把握物体的透视关系。将家具概括成几何形体是一种比较好的绘制方法，有助于把握单体的整体透视关系，如图 4.1～图 4.3 所示。

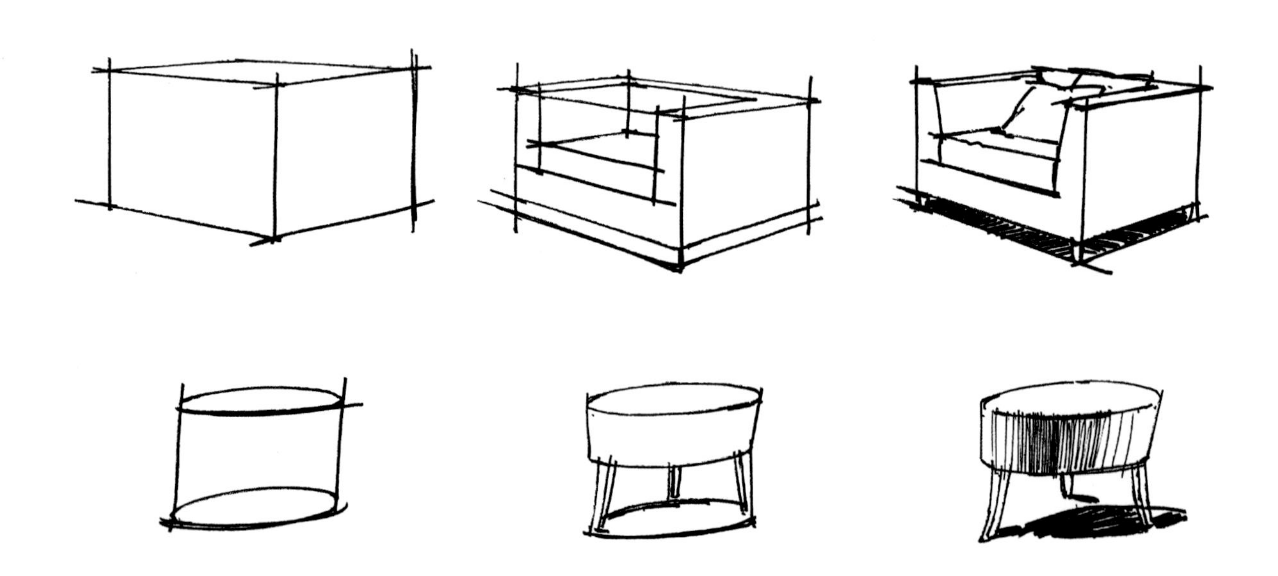

图 4.1　单体概括几何形体练习 1（胡华中 绘）

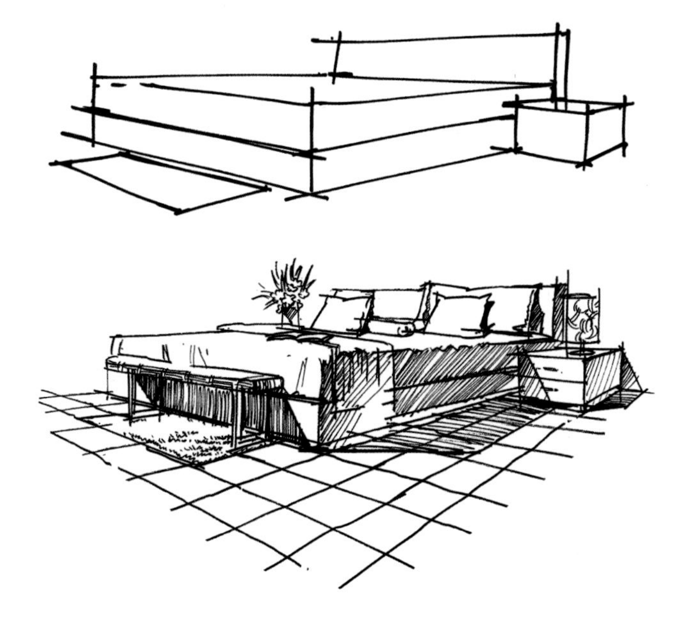

图 4.2　单体概括几何形体练习 2（胡华中 绘）

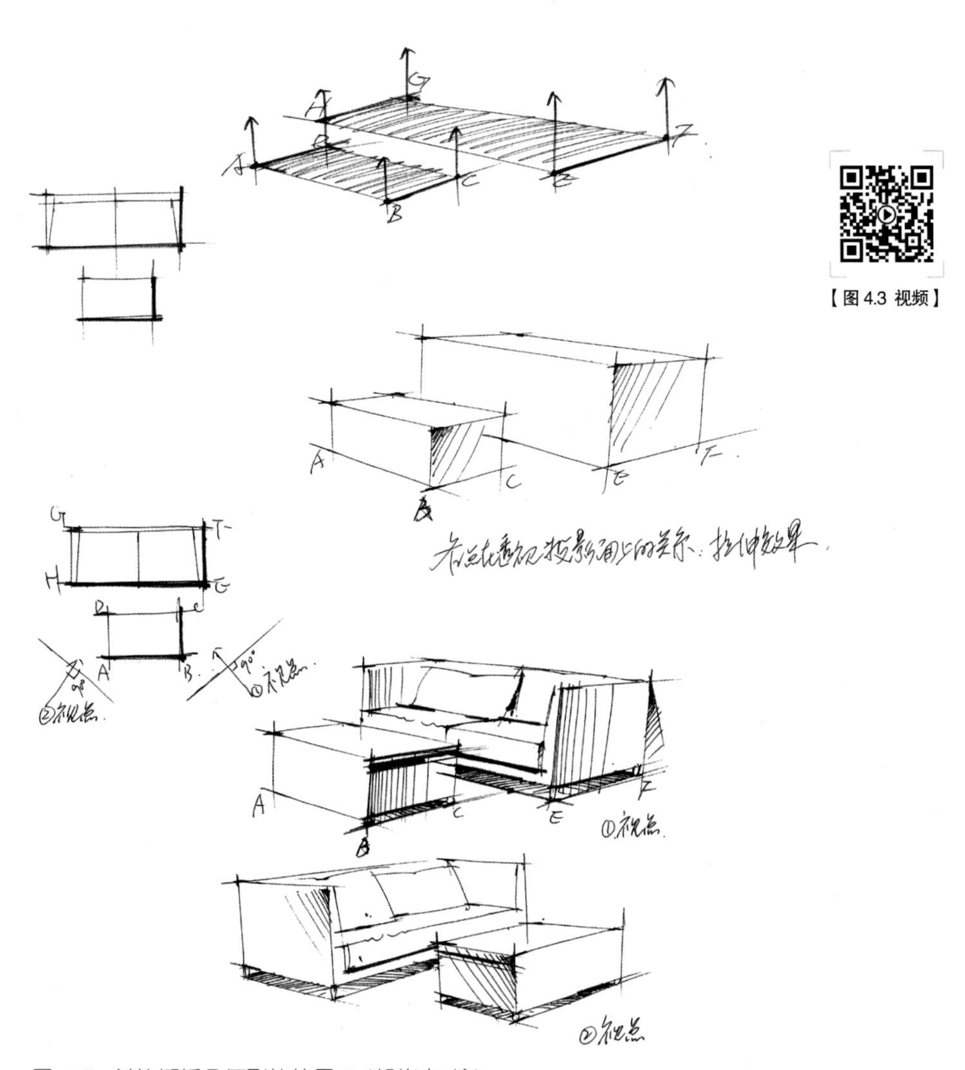

【图 4.3 视频】

图 4.3　单体概括几何形体练习 3（胡华中 绘）

为了更好地把握物体的整体造型，可以从左往右画，从上往下画；先画前面的线，后画被遮住的线；先画外轮廓，后画内部结构，这是把握空间关系的好方法。单体家具的绘制步骤如图 4.4 所示；单体家具表现如图 4.5～图 4.7 所示；组合家具表现如图 4.8、图 4.9 所示。

图 4.4　单体家具的绘制步骤（胡华中 绘）

图 4.5 单体家具表现 1（胡华中 绘）
此组单体家具是参考照片创作的，运用曲线和直线来表现椅子的造型和材质。表现方法：从左往右画，从上往下画；线描法结合影调法；背光面和投影的排线方向一致，避免出现“铁丝网”现象。

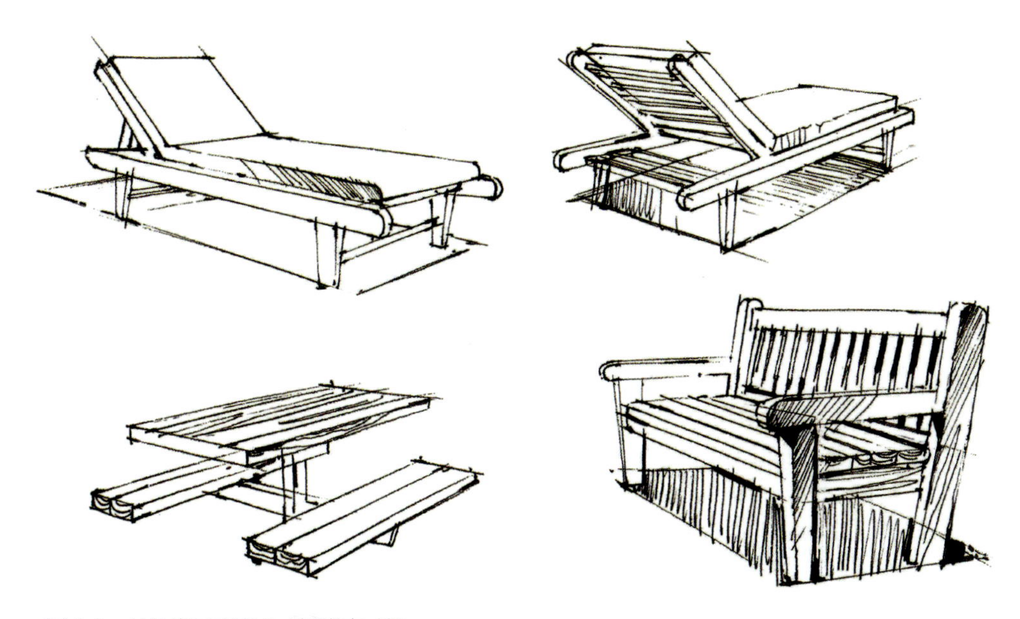

图 4.6 单体家具表现 2（胡华中 绘）
此组单体家具线条细腻、造型准确、透视变化微妙、造型自然。线条的长短、粗细、曲直变化很好地突出了家具的材质。

图 4.7　单体家具表现 3（胡华中 绘）

练习单体是为了画好室内设计手绘效果图，画的时候注意单体结构的空间关系，可以参考物体的投影来确定单体的长、宽、高。

图 4.8　组合家具表现 1（胡华中 绘）

此组家具造型严谨，采用具有弹性的曲线表现布艺材质，用有力的直线表现木头材质；物体比例准确、透视关系把握到位，线条的疏密将物体的空间层次表现得丰富多彩。

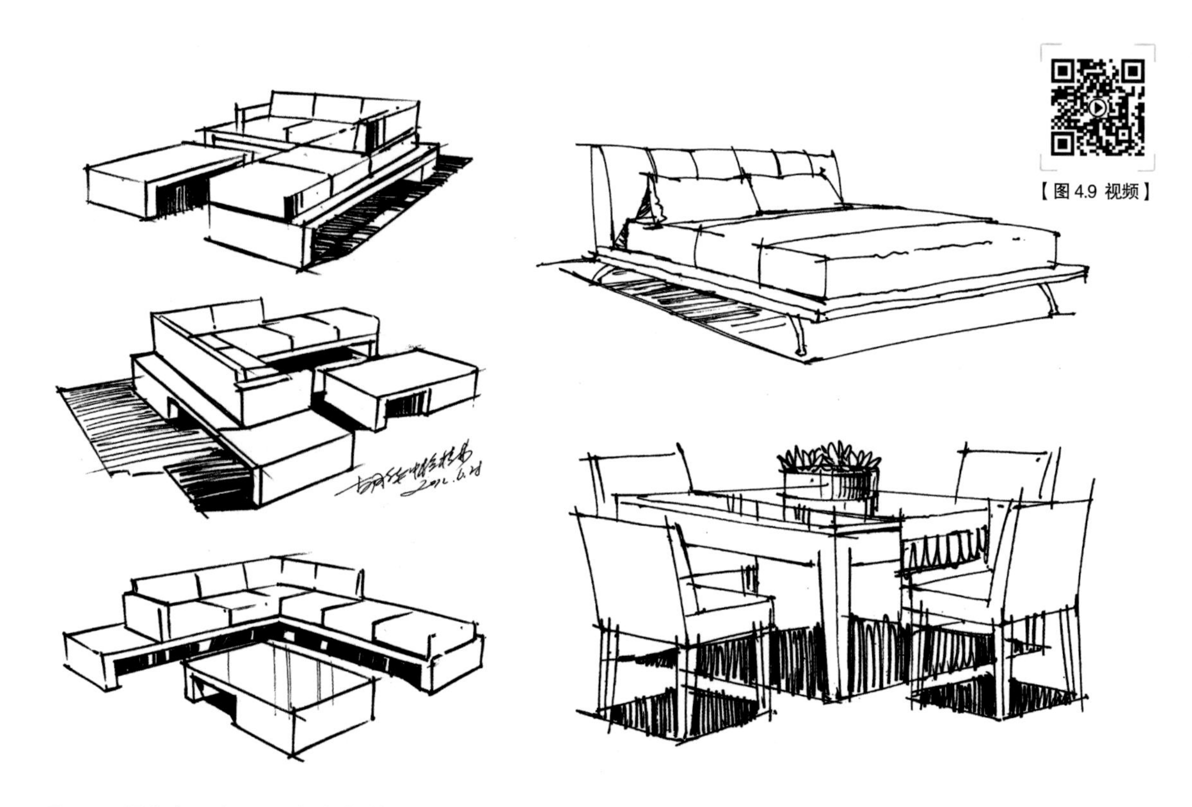

图 4.9　组合家具表现 2（胡华中 绘）
作品用线果断，有放有收，一气呵成。此外，简洁有力的线条传达出一种速度的美感。

二、单体上色

单体上色主要使用马克笔和彩色铅笔（水溶性彩色铅笔）。马克笔通常有两个笔头，较粗的一头可以绘制大面积的区域；较细的一头可以刻画细节。笔头和纸面的倾斜角度不一样，画出的笔触就不一样，质感也不一样。马克笔通过线、面结合的方法可以画出生动多变的色块效果。室内手绘效果图上色常用的马克笔色号如图 4.10 所示。

马克笔颜色越深，画出的笔触就越明显，因此经常使用彩色铅笔来过渡，达到柔和、透气、有虚实变化的效果。彩色铅笔笔头可以削得很细，与纸面的倾斜角度不一样，线的粗细就不一样。下笔轻，画出的线就有弹性；下笔重，画出的线就很刚硬。彩色铅笔上色比马克笔上色更好把握，也方便修改。彩色铅笔色彩丰富，过渡自然，适合处理画面细节。彩色铅笔主要通过分组排线的方法，利用线的粗细、长短、轻重、刚柔、穿插等来表现画面的色彩效果。目前市场上较为畅销的彩色铅笔品牌有中国的“中华”、意大利的“马可”、德国的“辉柏嘉”等。“辉柏嘉”水溶性彩色铅笔的优点是铅软、易着色，还可以结合水模仿水彩的效果。

BG1	WG1	43	37	50
BG3	WG3	42	46	62
BG5	WG5	41	47	1
BG7	WG7	31	48	125
BG9	WG9	23	59	7
GG2	GG5	22	58	17
GG4	CG7	99	172	16
GG6	104	91	68	83
GG7	101	95	67	74
GG9	103	97	66	76

图 4.10　室内手绘效果图上色常用的马克笔色号（TOUCH 牌）

单体家具线描和上色步骤如图 4.11～图 4.17 所示。

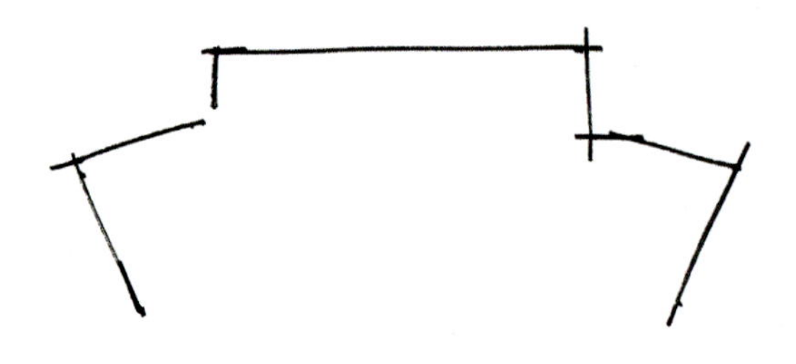

图 4.11　画线时从左往右画，比较好把握线的方向

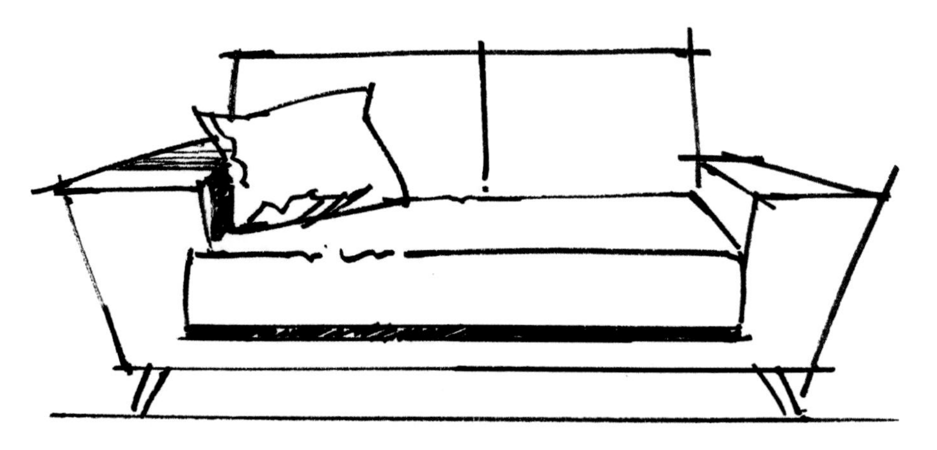

图 4.12　画线时从上往下画，比较好把握线的长短和比例

图 4.13　先画主体物，再画其他次要物体

图 4.14　刻画细节，加强素描关系

图4.15 马克笔上色，从局部入手，用单色画出素描关系

图4.16 用笔触的疏密排列进行过渡，强调明暗交界线

图 4.17 深入调整，加强素描关系和色彩对比

单体家具线稿和上色表现如图 4.18～图 4.21 所示；组合家具线稿和上色表现如图 4.22～图 4.25 所示。

【图 4.18 视频】

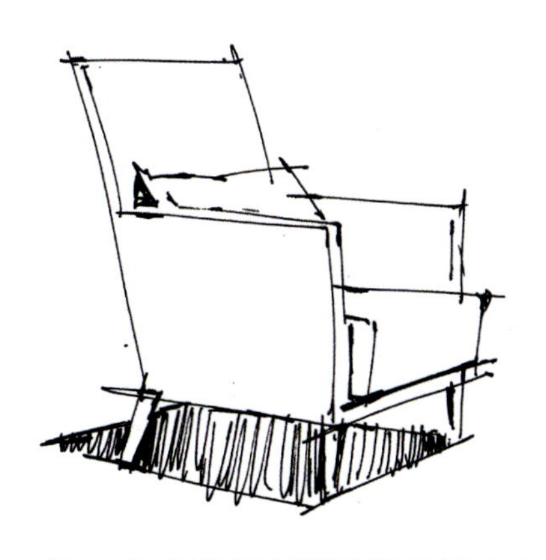

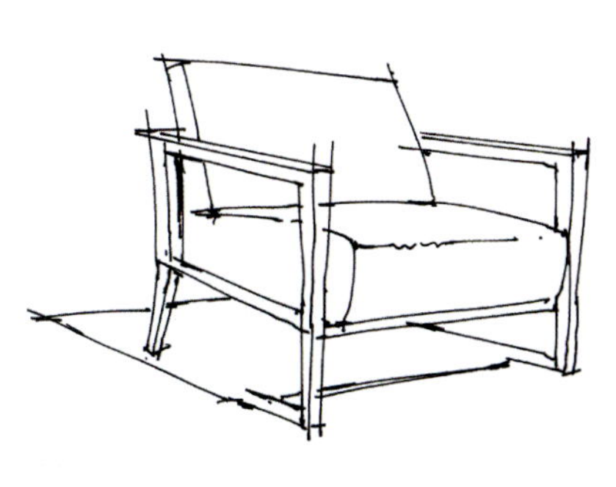

图 4.18 单体家具线稿表现（胡华中 绘）

【图 4.19 视频】

图 4.19　单体家具上色表现 1（胡华中 绘）

【图 4.20 视频】

图 4.20　单体家具上色表现 2（胡华中 绘）

此组单体家具从线稿到色稿，需要仔细观察后再下笔，把握好每根线的空间关系，注意物体之间高度和宽度的比例关系。上色的时候要胸有成竹，不能急躁，注意物体亮部和暗部色彩的纯度和明度变化。

图 4.21 单体家具上色表现 3（胡华中 绘）
此组单体家具色彩丰富，表现大胆，素描关系准确，整体效果醒目、活泼、现代感强。

图 4.22 组合家具线稿表现 1（胡华中 绘）
这幅组合家具线稿的素描关系到位，使用大量的粗线条表现不同材质，并根据物体的结构进行排线，形成层次丰富的视觉效果。

图4.23　组合家具线稿表现2（胡华中 绘）

图4.24　组合家具上色表现1（胡华中 绘）

此幅组合家具手绘作品运用了中国水墨画的留白技法，具有“无声胜有声”之妙。

图 4.25 组合家具上色表现 2（胡华中 绘）
此幅组合家具手绘作品色彩笔触变化有序，节奏感强。重点刻画灰面和暗面，物体间的空间关系明确。

【图 4.25 视频】

第二节 平面图和立面图手绘表现

平面图是室内设计手绘效果图的第一步。由于室内设计的前期包括对空间功能的划分、人流路线的设计等，画平面图时要充分考虑立面图的效果，所以平面图完成后需要画立面图，将平面图和立面图相结合，不断完善彼此。方案阶段的设计以手绘为主要形式，用于和客户沟通，效果图需要上色，方便传达设计意图。方案得到客户认可后继续深化，可以参照手绘方案草图绘制电脑效果图。画平面图时要注意室内的尺度、比例，上色要简洁，不要涂得太腻。室内设计平面图、立面图和透视图如图 4.26～图 4.34 所示。

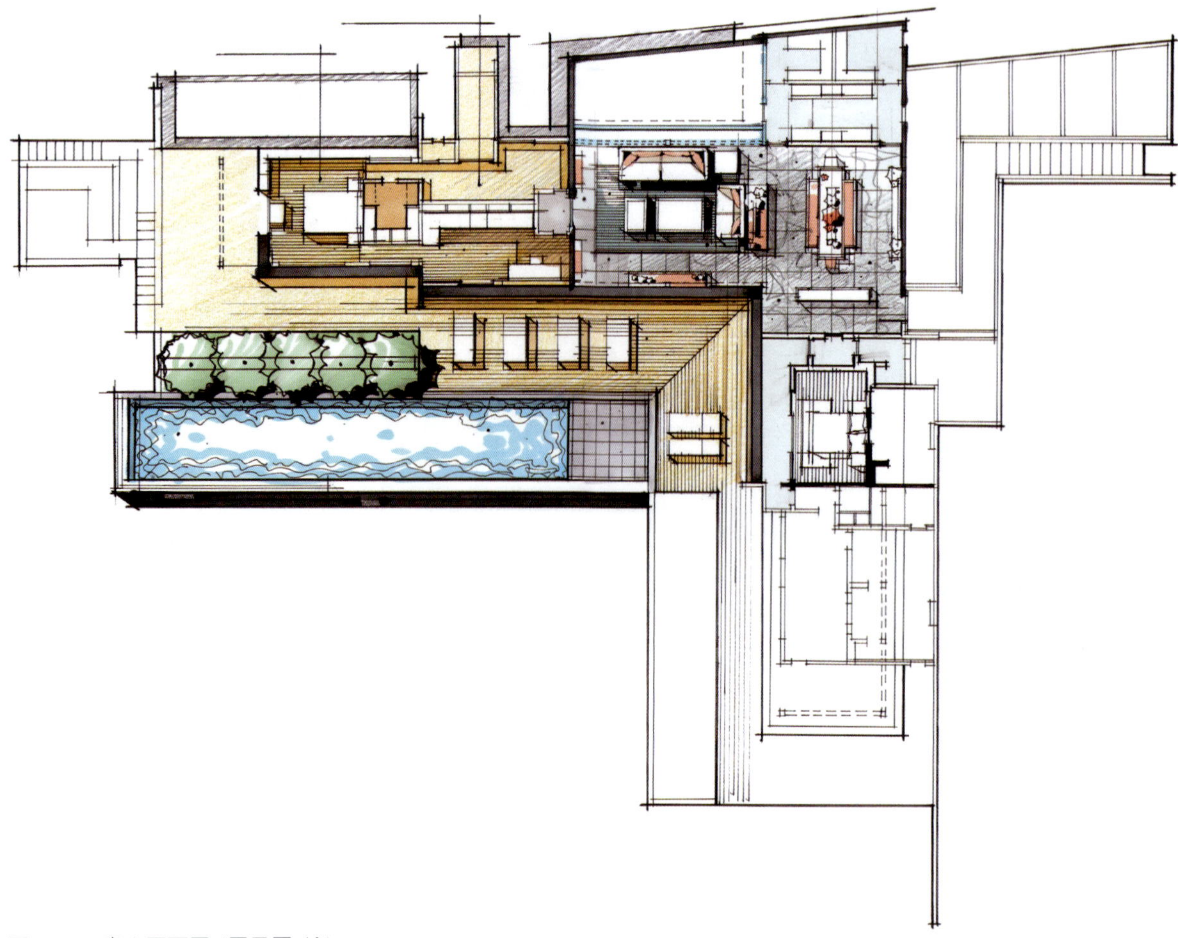

图 4.26　室内平面图（周星辰 绘）
这张平面图线条精细，色彩清新淡雅、和谐统一。

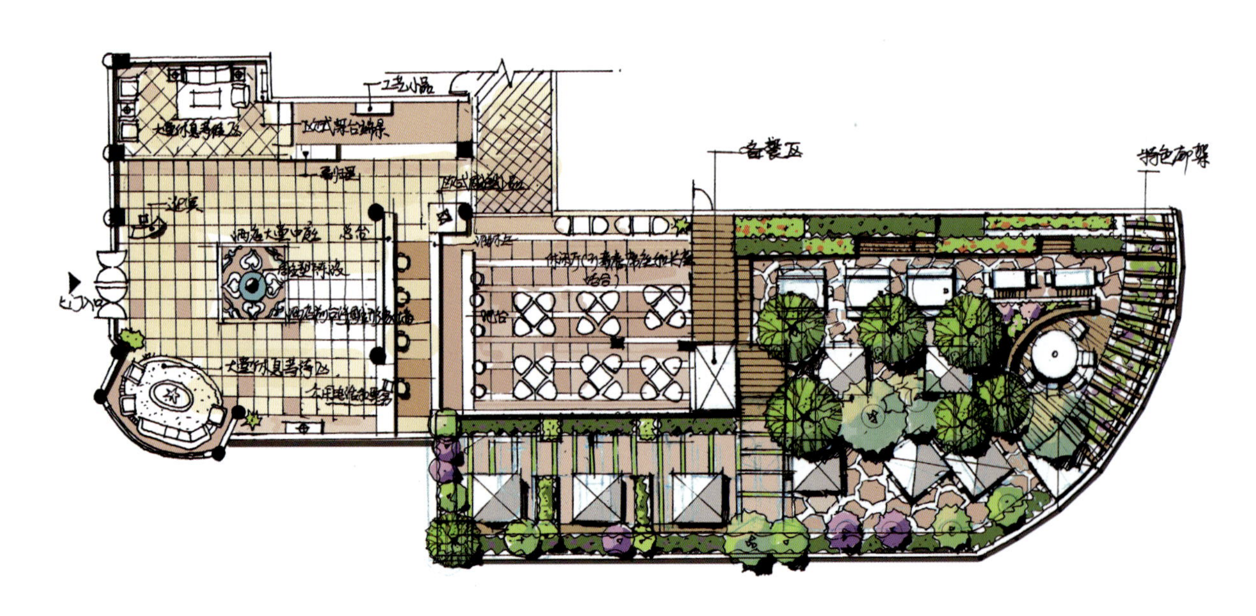

图 4.27　酒店公共空间平面图（胡华中 闫杰 绘）
这张平面图先用 AutoCAD 按比例画出基本空间结构，然后拷贝 AutoCAD 图纸中的结构线，再绘制家具和植物等。用此方法绘制的平面图不仅比例准确，还富有艺术美感。

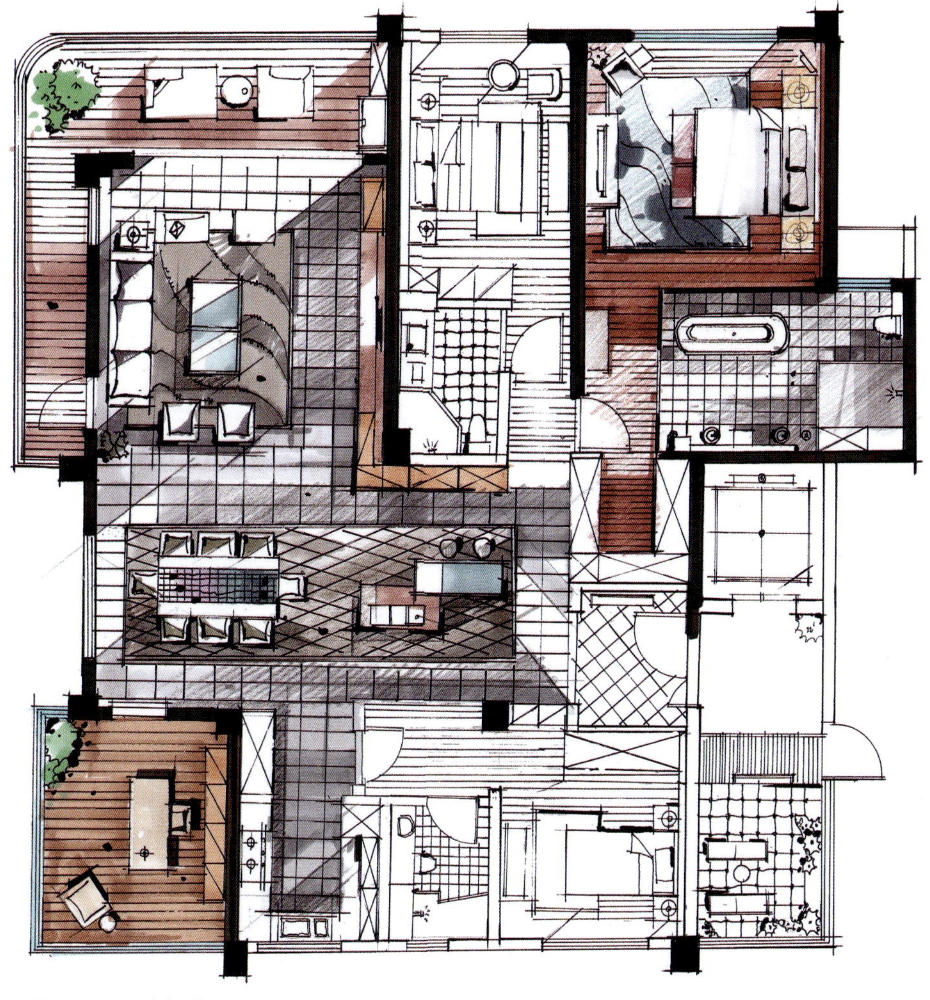

图 4.28 大空间室内平面图（周星辰 绘）
这张平面图色彩整体感较强，各色块的纯度和明度统一，画面色彩和谐。

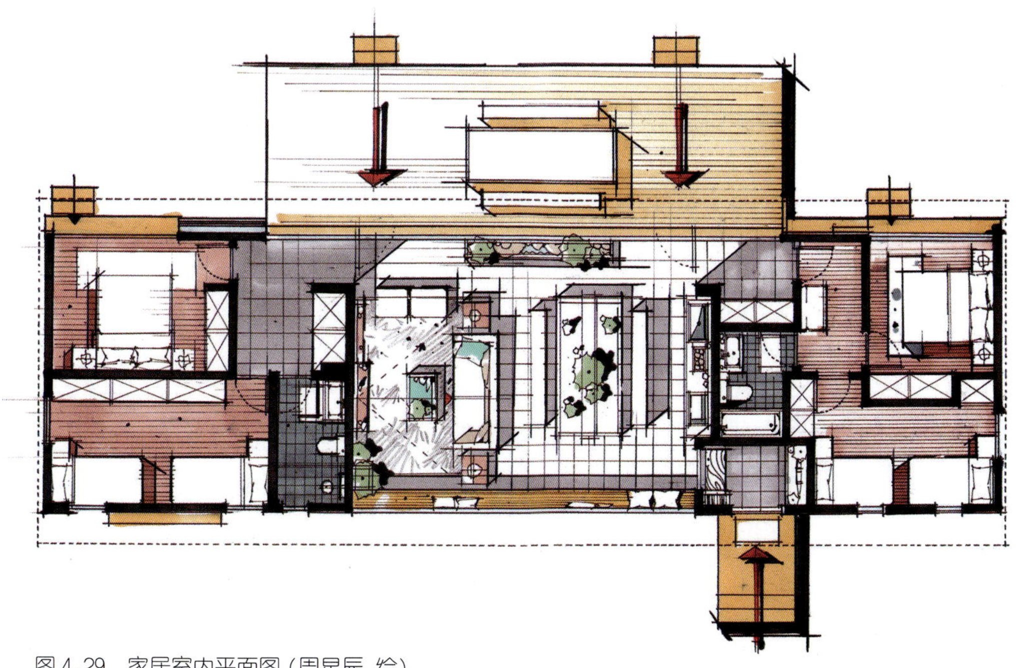

图 4.29 家居室内平面图（周星辰 绘）
这张平面图色彩明亮，变化丰富，采用局部上色、大量留白的表现手法，形式感较强。

图 4.30　室内平面图、立面图、透视图（尚龙勇 绘）

这组室内设计手绘效果图内容丰富，有平面图、立面图、透视图，把设计意图表现得很全面，用这种手绘表现形式和客户沟通会更加有效。

【图 4.31 视频】

图 4.31　室内设计立面图 1（胡华中 绘）

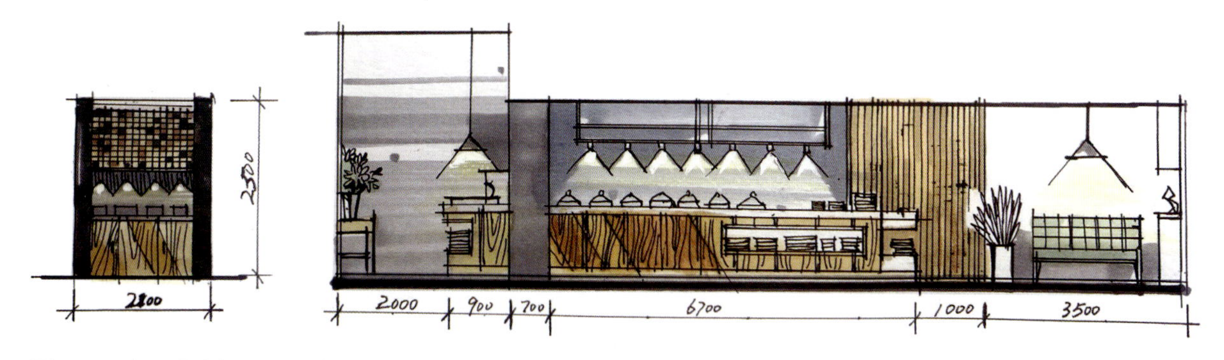

图 4.32 室内设计立面图 2（胡华中 绘）
这组立面图中的物体结构简洁清晰、比例准确，色彩纯度和明度适中，整体效果清新淡雅。

【图 4.33 视频】

图 4.33 室内设计立面图 3（胡华中 绘）

图 4.34 室内设计立面图 4（胡华中 绘）

第三节 居住空间设计手绘表现

居住空间设计是环境设计专业的入门课程，该课程通过循序渐进的方式引导学生学习室内设计的知识，使学生认识到居住空间与人的关系。居住空间是人们生活起居的基本场所，其基本功能包括休息、饮食、娱乐、学习、会客等。它解决的是如何使人在小空间内居住、活动起来更方便、更舒适的问题。居住空间虽然相对较小，但涉及的问题却很多，包括采光、通风、材料、工艺等，每一个问题都和人的日常生活关系密切。因此，在设计时应强调以人为本的设计原则，这体现了党的二十大报告中“深入贯彻以人民为中心的发展思想”。本节简要地介绍居住空间设计中的玄关、客厅、餐厅、厨房等如何表现，旨在促进读者理解其中的空间概念，以提高自己的设计能力。

一、玄关表现

玄关是入户的第一道关口，是居住空间的门面。设玄关的目的有以下三点：第一，保持空间的私密性，避免客人一进门就对整个居室一览无余，可以在进门处用木板或玻璃作为隔断，划分出一块区域，在视觉上遮挡一下；第二，起装饰作用，客人进门第一眼看到的就是玄关，对这个家庭产生初印象，可以说，玄关设计是设计师整体设计思想的浓缩，在家居装饰中起到画龙点睛的作用；第三，方便主人和客人脱衣、挂帽、换鞋，因此最好将衣帽架、穿衣镜、鞋柜等设置在玄关处，衣帽架和穿衣镜的造型应美观大方，和整个玄关风格一致，鞋柜可做成隐蔽式的。另外，玄关的装饰应与整个家居装饰风格协调。

玄关是比较简单的空间，玄关设计可作为练习居住空间设计的开始，可以采取平行透视的构图形式，增加画面的空间感。玄关线稿和上色表现如图 4.35、图 4.36 所示。

图 4.35 玄关线稿表现（胡华中 绘）

图 4.36 玄关上色表现（胡华中 绘）

二、客厅表现

客厅兼具接待客人和生活起居的功能。在居住空间设计中，人们越来越重视对客厅的设计。客厅的设计风格有中式、欧式、日式、现代简约式等。客厅色彩宜明亮，一般根据客户的喜好来设计，应避免大面积使用鲜艳的颜色，使人有温馨祥和的感受。客厅线稿及上色表现如图 4.37～图 4.45 所示。

图 4.37　客厅线稿表现 1（胡华中 绘）
此幅手绘作品采用了平行透视构图，线条刚劲有力，虚实处理得当，较好地将物体的光感和质感表现出来。

【图 4.38 视频】

图 4.38　客厅线稿表现 2（胡华中 绘）

图 4.39　客厅上色表现 1（胡华中 绘）
此幅手绘作品的色彩冷暖对比强烈，运笔潇洒，素描关系明确。

图 4.40　客厅上色表现 2（胡华中 绘）
此幅手绘作品采用成角透视构图，透视准确，物体比例协调；运用方向多变和疏密有致的线条表现物体结构；黑、白、灰关系处理得当，空间层次丰富。

【图 4.41 视频】

图 4.41　客厅上色表现 3（胡华中 绘）
此幅手绘作品色彩纯度偏低，以黄色点缀空间，减少了画面的沉闷感。

图 4.42　客厅上色表现 4（尚龙勇 绘）
此幅手绘作品构图严谨，画面工整细腻；用马克笔上色很好地表现了画面的光线、色调和质感。

【图 4.43 视频】

图 4.43　客厅上色表现 5（胡华中 绘）
此幅手绘作品采用了平行透视构图，线稿表现深入，明暗关系到位；画面色彩稳重，纯度偏低，过渡自然。

图 4.44　客厅上色表现 6（胡华中 绘）

【图 4.45 视频】

图 4.45　客厅上色表现 7（胡华中 绘）

三、餐厅表现

现代生活中，餐厅是家庭重要的活动场所，能有一间设备完善、装饰考究的餐厅，一定会使居住空间增添不少光彩。餐厅的形式主要有独立式餐厅、通透式餐厅和共用式餐厅。餐厅灯光采用局部照明，使餐桌上有足够的采光，满足用餐的需要。墙面、酒柜可用白色饰面材料，营造出洁净的视觉感受。餐厅装饰的色彩宜使用能增加人们食欲的暖色，可以用水果或风景题材的装饰画来点缀餐厅墙面，增强用餐氛围。餐厅的家具主要由餐桌、餐椅等组成。餐桌的桌面有圆形、椭圆形、正方形、长方形等；支撑桌面的结构主要有三角支撑式、四脚支撑式和独柱支撑式等；餐桌高度一般为 70～78cm，方形餐桌宽度一般为 60～80cm，长度一般为 110～220cm，甚至更长，可以选择的尺寸较多，还可以定制，圆形餐桌直径一般为 90～150cm，当然还有更大的。餐椅座宽为 40～50cm，座深为 40～50cm，座高为 40～45cm。餐厅线稿及上色表现如图 4.46～图 4.50 所示。

图 4.46 餐厅线稿表现（胡华中 绘）

【图 4.47 视频】

图 4.47 餐厅上色表现 1（胡华中 绘）

图4.48 餐厅上色表现2(胡华中 绘)

图4.49 餐厅上色表现3(尚龙勇 绘)

图4.50 餐厅上色表现4（胡华中 绘）

四、厨房表现

厨房设计是指将橱柜、厨具和各种厨房家电按其形状、尺寸及使用要求进行合理布局、巧妙搭配，实现厨房用具一体化。依照家庭成员的色彩偏好、烹饪习惯及厨房空间结构、照明系统等，结合人体工程学、工程材料学和装饰艺术设计原理进行科学合理的设计，使科学和艺术的和谐统一在厨房设计中体现得淋漓尽致。有的橱柜生产厂商按照消费者自身的需求进行合理配置，生产出整体橱柜的产品，这种产品集清洗、烹饪、排油烟、消毒、储藏、冷冻、上下供排水等功能于一体，尤其注重厨房整体的布局和格调。厨房色彩要明亮，一般以冷色和原木色为主，通常采用易清洁和防火性强的材料。厨房表现如图4.51、图4.52所示。

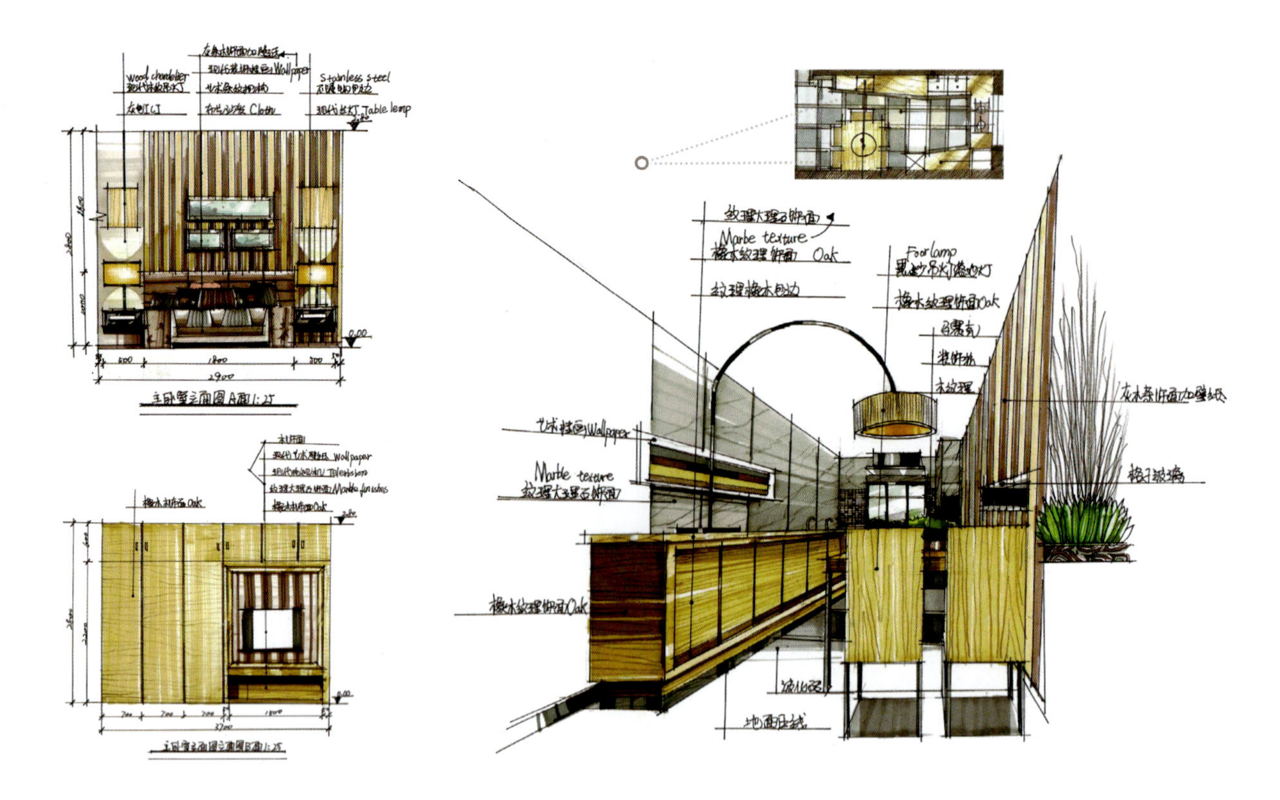

图4.51　厨房表现1（吴世铿 绘）

图4.52　厨房表现2（文健 绘）

五、卧室表现

卧室是人们休息的主要空间，卧室布置得是否合理直接影响到人们的睡眠质量。因此，卧室也是居住空间设计的重点之一。卧室设计首先要考虑实用性，其次才是装饰性。卧室是休息的地方，需要以柔和的光环境来缓解人们白天学习或工作压力。卧室的照明可分为直接照明、间接照明、半间接照明。床灯在卧室照明中非常重要，可以满足床上阅读的需要，其光照也可以营造浪漫的气氛。卧室的色彩应避免选择饱和度较高的颜色，一般选择柔和的中间色，如乳白色、粉红色、粉绿色等。卧室表现如图 4.53～图 4.56 所示。

图 4.53 卧室表现 1（胡华中 绘）
此幅儿童卧室手绘作品采用了暖色调，大面积的木质材料和粉红色、浅紫色的床单营造出温馨舒适的卧室环境。

图 4.54　卧室表现 2（尚龙勇 绘）

图 4.55　卧室表现 3（尚龙勇 绘）

此幅手绘作品采用了平行透视，透视效果自然，具有一定的动感；以饱和度较低的灰色为主色调，点缀浅绿色和浅褐色，画面清新淡雅；马克笔笔触洒脱，刚劲有力。

图 4.56 卧室表现 4（尚龙勇 绘）

六、书房表现

书房又称家庭工作室，是阅读、书写及学习、工作的空间。书房是为个人而设的私人空间，能体现居住者习惯、个性、爱好、品位和专长等，设计风格通常以幽雅、宁静为主。书房墙面比较适合用亚光涂料，壁纸、壁布也很合适，它们可以增强静音效果、避免眩光。地面最好选用实木地板或铺地毯，这样即使在思考问题时踱来踱去，也不会出现令人心烦的噪声。书房颜色应柔和，使人平静，最好以冷色为主，如蓝、绿、灰紫等，尽量避免跳跃和对比强烈的颜色。书房表现如图 4.57～图 4.61 所示。

【图4.57 视频】

图4.57　书房表现1（胡华中 绘）

【图4.58 视频】

图4.58　书房表现2（胡华中 绘）

图 4.59　书房表现 3（胡华中 绘）

图 4.60　书房表现 4（胡华中 绘）

图 4.61　书房表现 5（吴世铿 绘）

七、卫生间表现

卫生间通常是家中最隐秘的地方。卫生间的设计要考虑安全、实用、美观等，色彩一定要明亮，给人洁净的感觉。卫生间表现如图 4.62～图 4.65 所示。

【图 4.62 视频】

图 4.62　卫生间表现 1（胡华中 绘）

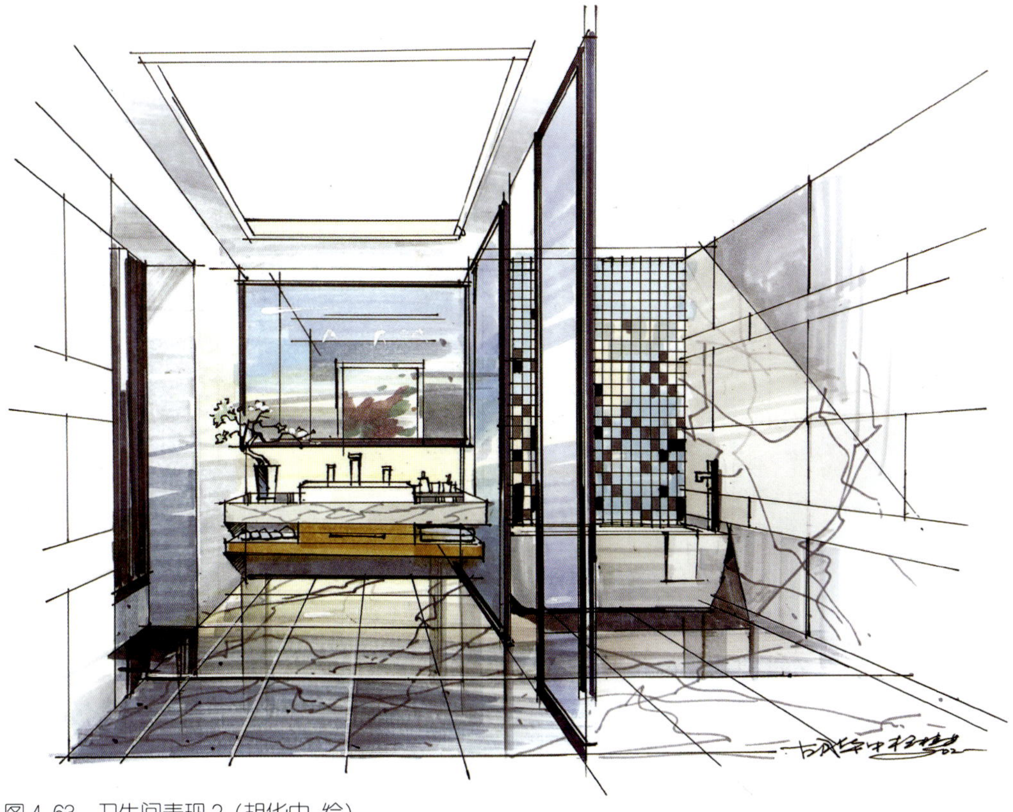

【图 4.63 视频】

图 4.63 卫生间表现 2（胡华中 绘）

【图 4.64 视频】

图 4.64 卫生间表现 3（胡华中 绘）

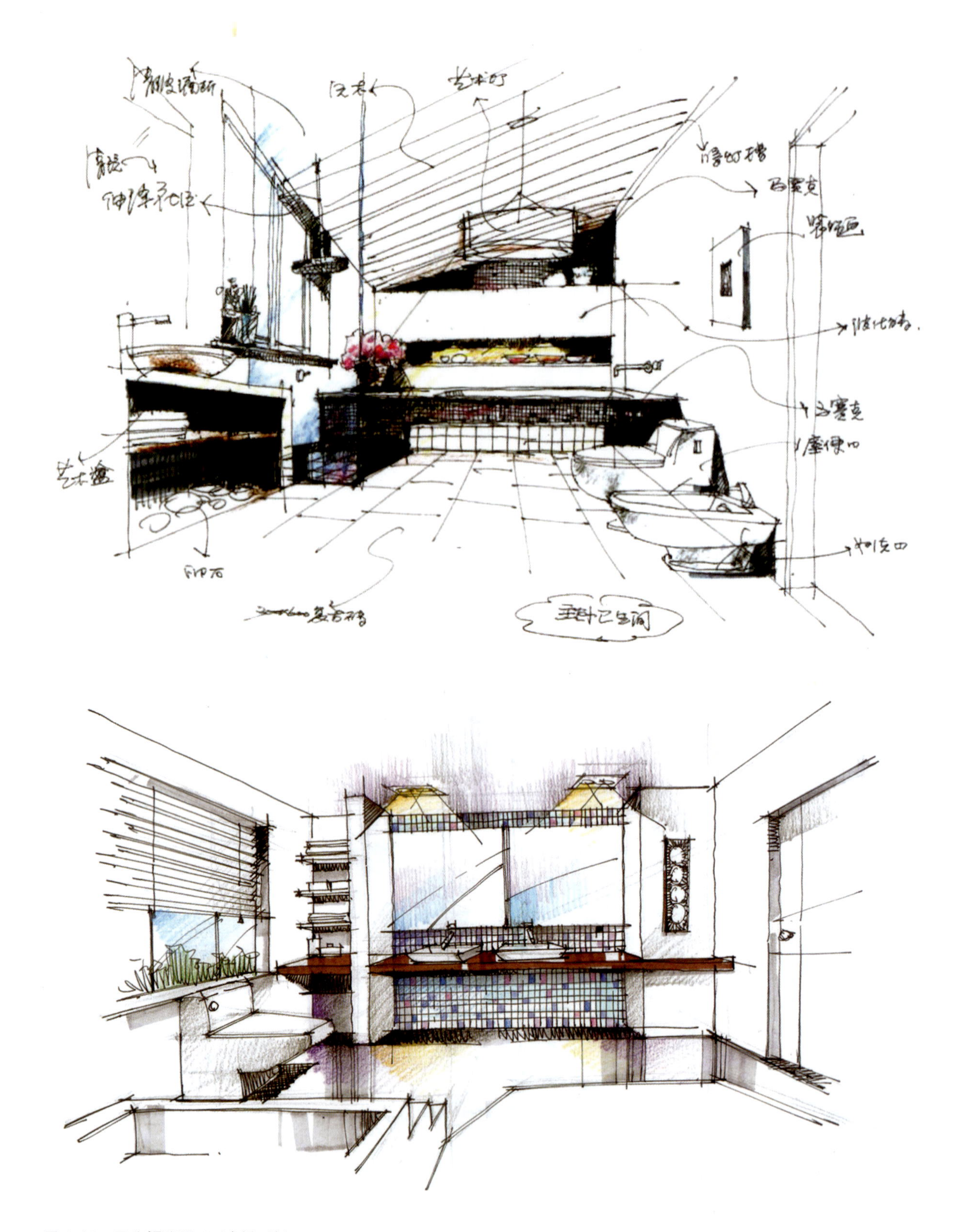

图 4.65　卫生间表现 4（文健 绘）

第四节　商业空间设计手绘表现

商业空间设计包括酒店、餐饮空间、超市、电影院、博物馆等的空间设计。与居住空间相比，商业空间面积更大，内容更多、更复杂。我们只有遵循商业空间设计的基本原则，才能更好地服务于整体的空间设计，达到更完美的效果，创造出充满情调、舒适便捷的商业空间。色彩是商业空间设计的灵魂。本节展示了多幅商业空间设计的手绘作品，表现技法多种多样。

一、餐饮空间表现

随着人们生活水平的提高，餐饮空间的功能也日益增多，除了满足餐饮功能，还要满足人们娱乐的功能，而且人们对吃的形式和环境的要求也越来越高。餐饮空间在总体功能布局上，要将入口、大厅、包房、厨房等尽可能划分清晰，避免各空间相互干扰；桌椅组合形式及空间的划分应具有多样性，以满足不同客户的需求；不同餐位之间的划分应以减少互相干扰为原则，营造舒适的就餐环境；通道设计遵循便捷、流畅、安全的原则，尽量方便客人活动，避免客人之间、客人与服务员之间发生矛盾。另外，餐饮空间的主题设计有利于营造良好的就餐环境，可以充分利用照明设计、色彩关系、装饰图案等来营造主题空间。餐饮空间表现如图 4.66～图 4.72 所示。

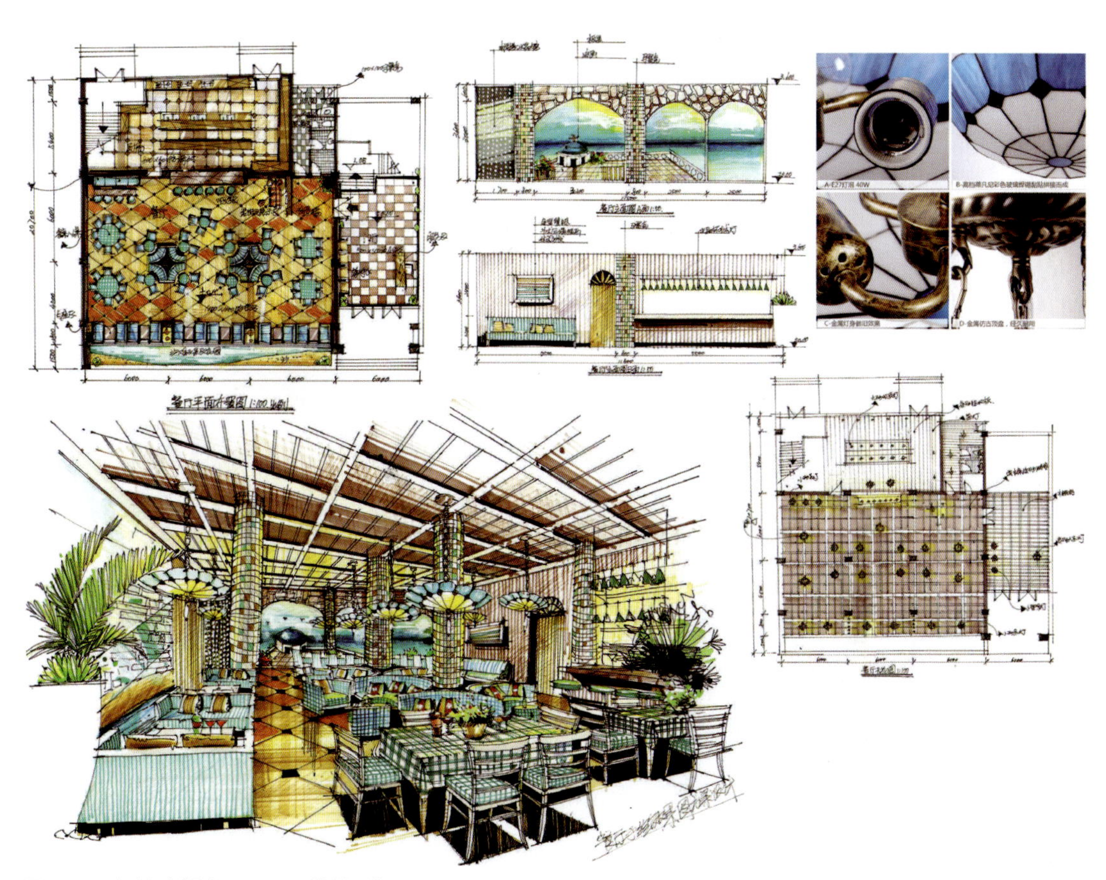

图 4.66　餐饮空间表现 1（吴世铿 绘）
此幅作品包含平面图、立面图、示意图、透视图，很好地传达了设计构思，类似研究生入学时的设计快题考试。透视图色彩冷暖对比强烈，用马克笔细笔头表现布料的条纹，物体刻画细致耐看。

【图 4.67 视频】

图 4.67　餐饮空间表现 2（胡华中 绘）
此幅作品用线肯定，虚实得当，素描关系强烈，重点突出。

【图 4.68 视频】

图 4.68　餐饮空间表现 3（胡华中 绘）
此幅作品在线条的运用上抑扬顿挫、粗细兼施，深浅相宜，疏密有致。

图 4.69 餐饮空间表现 4（陆守国 绘）

图 4.70 餐饮空间表现 5（胡华中 绘）

【图4.71 视频】

图4.71　餐饮空间表现6（胡华中 绘）

图4.72　餐饮空间表现7（胡华中 绘）

此幅手绘作品构图较有新意，画面虚实有致，元素取舍合理，中心明确，主次分明。线条流畅、挺拔、洒脱，具有较强的形式感。色彩冷暖对比强烈，纯度和明度控制得当，画面效果醒目。

二、音乐餐吧表现

音乐餐吧是一个集个性化、灵活性和娱乐性为一体的场所，人们可以聚在这里一起放松，聚餐、跳舞、唱歌。音乐餐吧装修华丽，功能多样，一般设有表演区、餐饮区、吧台区、服务区等，主体是表演区和餐饮区，占据较大空间，要求功能性比较强。音乐餐吧的设计元素应灵活多变，图形和色彩可以跟随音乐的风格进行设计，给人带来视觉和听觉上的享受。音乐餐吧表现如图 4.73～图 4.76 所示。

图 4.73　音乐餐吧表现 1（胡华中 绘）

【图 4.74 视频】

图 4.74　音乐餐吧表现 2（胡华中 绘）
此幅手绘作品线条轻松活泼，笔法生动，构图独特，很有趣味。马克笔笔触流畅、大气、潇洒，形式感很强。

图 4.75　音乐餐吧表现 3（胡华中 绘）

【图 4.76 视频】

图 4.76　音乐餐吧表现 4（胡华中 绘）
此幅手绘作品以动感的曲线为主，色彩对比强烈，给人兴奋的感觉，体现了活跃的氛围；物体刻画细腻，人物的颜色与环境色为互补色，对比强烈，使画面中心突出、主次分明。

三、接待前台表现

接待前台常常位于一个公司、酒店等的重要位置，一般设在入口处。接待前台是企业的脸面，在设计时需要考虑与企业文化的关系。接待前台的功能主要包括客户来访登记、办理相关手续、电话转接、迎候来宾等。接待前台一般设有吧台、休闲椅、休闲沙发、报刊架、企业文化展示墙等装饰要素。接待前台表现如图 4.77～图 4.79 所示。

【图 4.77 视频】

图 4.77　接待前台表现 1（胡华中 绘）

此幅接待前台手绘作品线稿简洁明了，明暗调子微妙，并用灰色马克笔刻画出前台的大理石，很好地表现了其结构、材质和肌理。

【图 4.78 视频】

图 4.78　接待前台表现 2（胡华中 绘）

图 4.79 接待前台表现 3（尚龙勇 绘）

四、展示空间表现

展示空间是指商业场所中用于展示和销售商品的区域。设计师通过功能布置和灯光设计等，在既定的时间和空间范围内，有计划地将展示空间内的产品呈现给观者，力求观者尽可能多地了解产品信息。展示空间类型多样，人文类展示空间包括科学馆、纪念馆、美术馆、博物馆等，其主要目的是传播文化知识、促进文化交流等；科技类展示空间注重空间形式和色彩的新颖，强调科技的魅力。展示形式分为动态展示和静态展示，动态展示有巡回展示和交流展示等，而静态展示多为固定地点展示。大部分展示空间是临时性的，需要遵循绿色设计的原则，因此，在设计时要考虑材料可回收利用的特点。展示空间表现如图 4.80～图 4.86 所示。

图 4.80　展示空间表现 1（文健 绘）

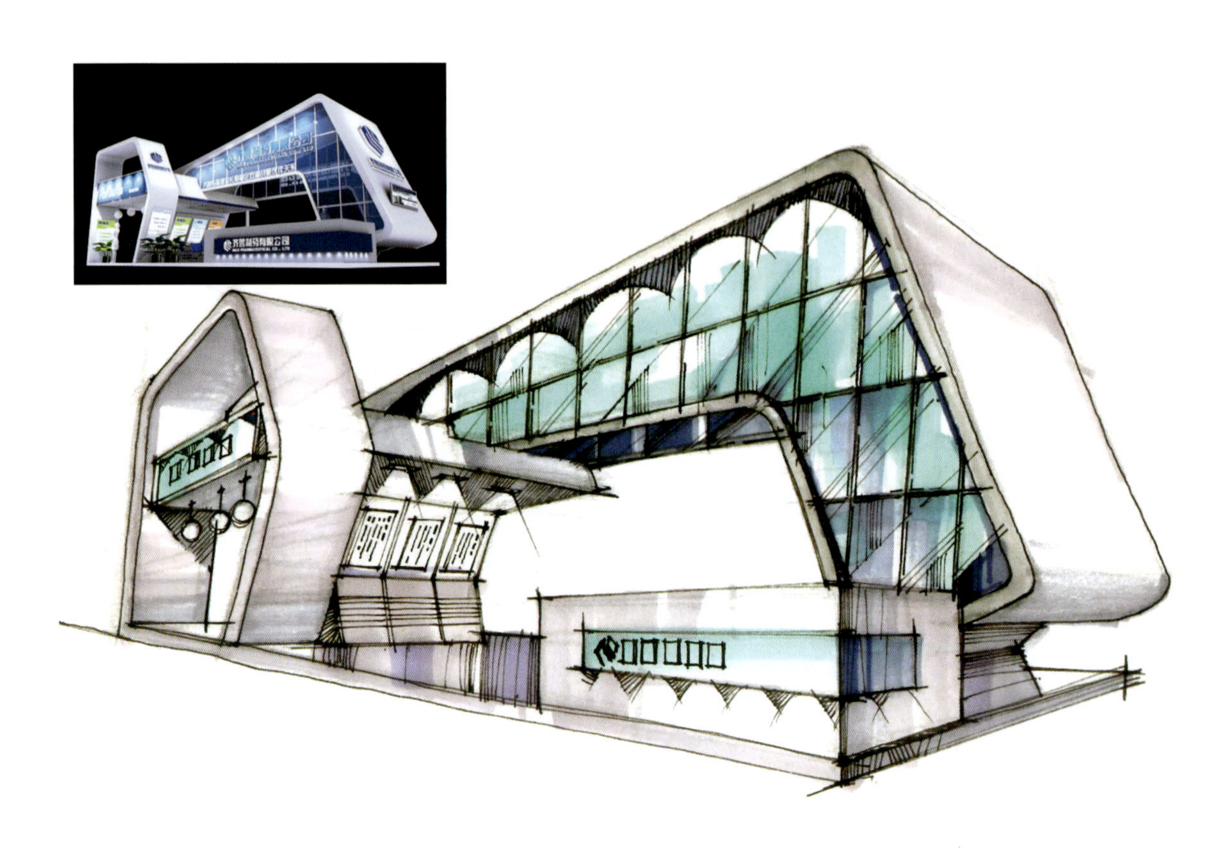

图 4.81　展示空间表现 2（文健 绘）

图 4.82 展示空间表现 3（文健 绘）

这幅手绘作品素描关系很好，空间层次丰富，线条挺拔有力，虚实得当，物体的光感和材质感表现到位。

图 4.83 展示空间表现 4（文健 绘）

图 4.84　展示空间表现 5（文健 绘）

图 4.85　展示空间表现 6（文健 绘）

此幅手绘作品用现代感很强的银灰色作为主色调，马克笔笔触干练、潇洒，色彩简洁明快，体现了现代设计的审美特征。

【图4.86 视频】

图4.86 展示空间表现7（胡华中 绘）
此幅手绘作品主要使用了体现科技感的蓝色和灰色，并用黄色和红色来点缀空间，使空间显得更有活力。

五、酒吧表现

酒吧有多种类型，如Bar、Pub、Tavern等。Bar多指美式的、具有一定主题元素的酒吧，而Pub和Tavern多指英式的酒吧。酒吧相较于其他餐饮环境来说，要求氛围更浓烈，给每天压力较大的人们提供了一个放松、休闲的场所。色彩是酒吧设计中的一个重要方面，利用人们的视觉感受，创造一个具有情调的环境。酒吧空间主要由门厅、吧台、卡座、散座、舞池、厨房、卫生间等构成。合理地运用色彩和灯光，可营造一个丰富多彩、情趣盎然、和谐舒适的娱乐空间。酒吧表现如图4.87～图4.92所示。

【图4.87 视频】

图4.87　酒吧表现1（胡华中 绘）

图4.88　酒吧表现2（向远 绘）

图 4.89 酒吧表现 3（向远 绘）

图 4.90 酒吧表现 4（杨安丽 绘）

图 4.91 酒吧表现 5（杨安丽 绘）

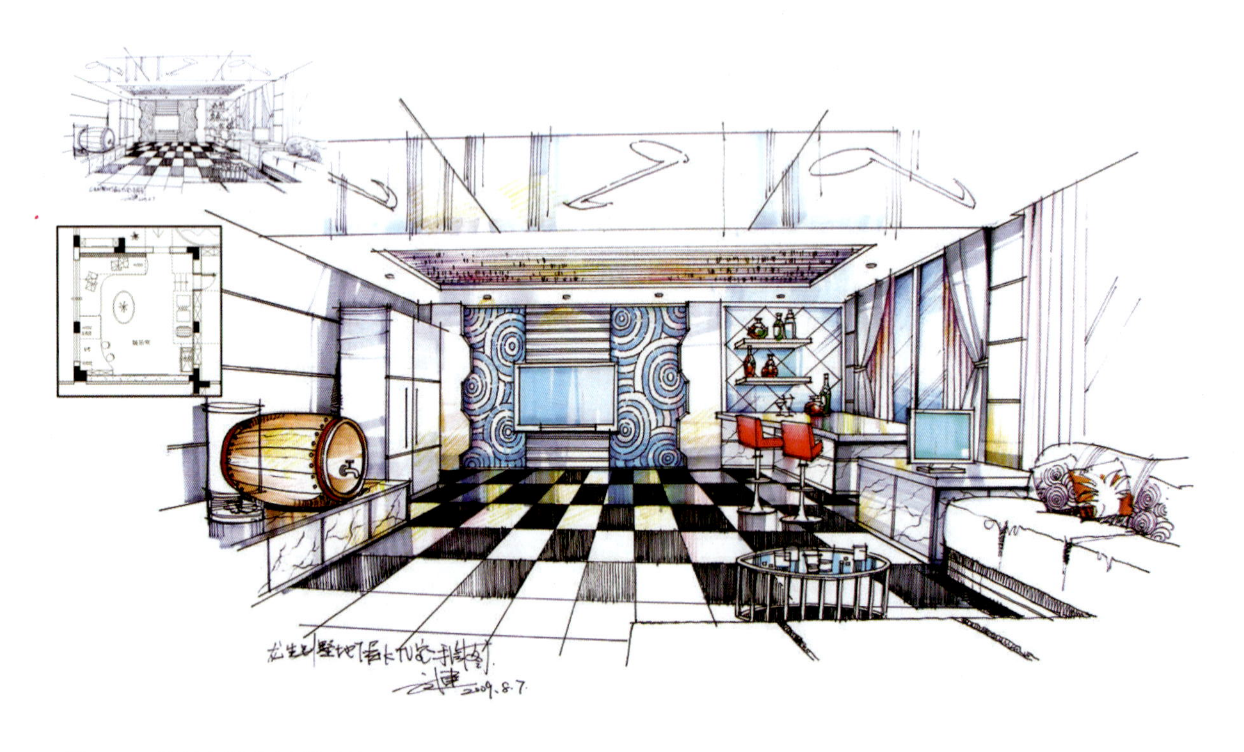

图 4.92 酒吧表现 6（文健 绘）

六、酒店表现

随着旅游市场不断发展壮大，酒店的作用越来越大，酒店的空间设计就显得十分重要。由于客人来自五湖四海，所以酒店设计可以突出地域文化特色，使客人了解当地文化。酒店主要有商务酒店、主题酒店、度假酒店等。酒店不同空间的表现如图 4.93～图 4.108 所示。

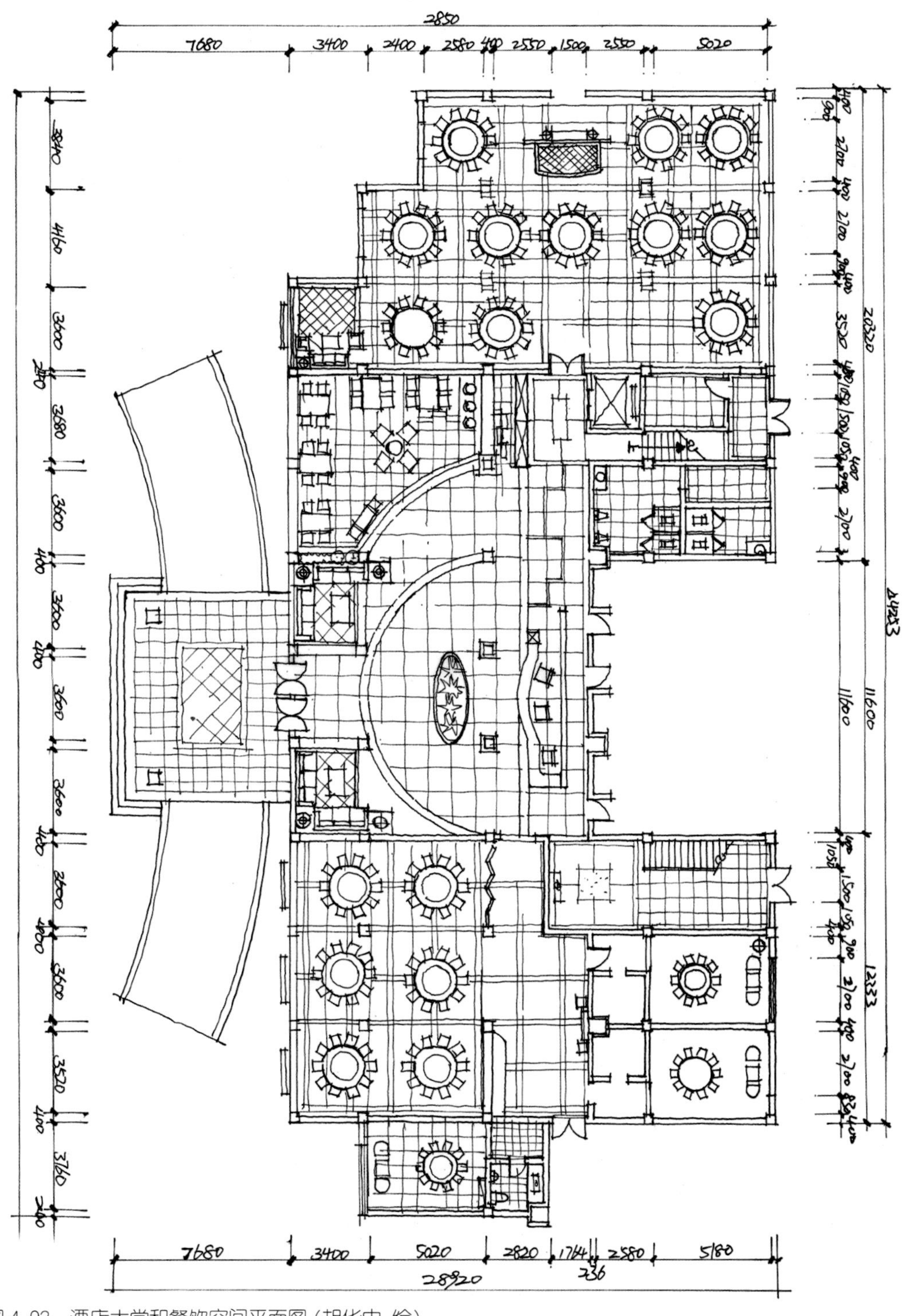

图 4.93　酒店大堂和餐饮空间平面图（胡华中 绘）
设计师在设计酒店空间时，一般从平面图开始入手，在平面图上划分功能，设计流线。

图 4.94　酒店大堂表现 1（集美公司供稿）
此幅手绘作品构图完整，比例准确，空间感强烈；画面工整细致，局部和细节表现深入，前后层次分明；大量使用彩色铅笔上色，色彩柔和，画面质感较强。

图 4.95　酒店大堂表现 2（么冰儒 绘）
此幅手绘作品上色细致，重点在地面和顶部上色，很好地突出了画面的中心。大堂顶部的黄色与蓝色形成了较强的色彩对比，营造了金碧辉煌的氛围。

图 4.96　酒店大堂表现 3（陆守国 绘）

图 4.97　酒店大堂表现 4（胡华中 绘）

图 4.98　酒店大堂休闲区表现（胡华中 绘）

【图 4.99 视频】

图 4.99　酒店大堂休闲区线稿表现（胡华中 绘）

【图 4.100 视频】

图 4.100　酒店大堂休闲区上色表现（胡华中 绘）

图 4.101　酒店咖啡厅表现（尚龙勇 绘）

图 4.102　酒店休闲区表现（胡华中 绘）

图 4.103　酒店餐厅表现（闫杰 绘）

图 4.104 酒店客房表现 1（尚龙勇 绘）

图 4.105 酒店客房表现 2（尚龙勇 绘）

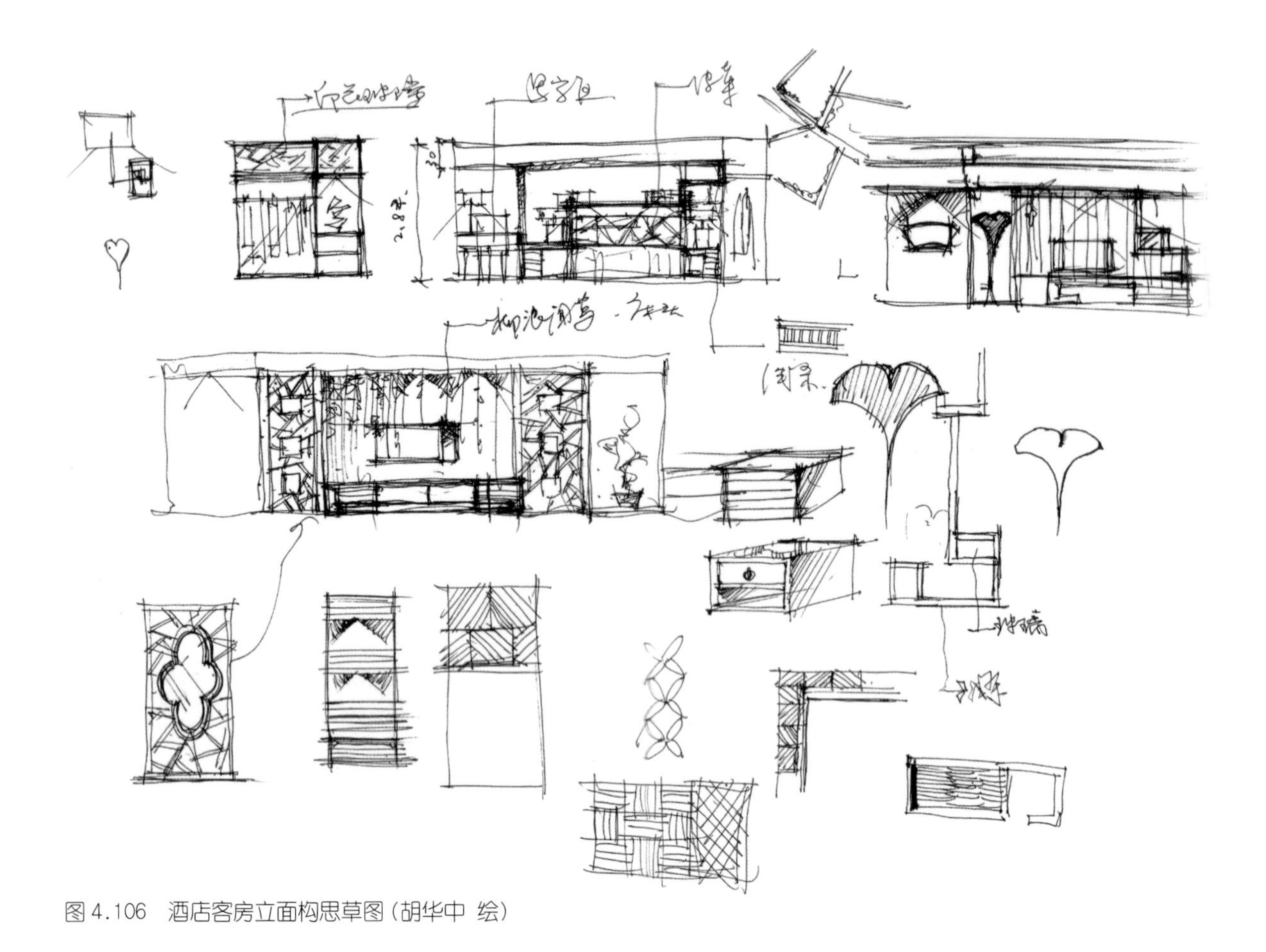

图 4.106　酒店客房立面构思草图（胡华中 绘）

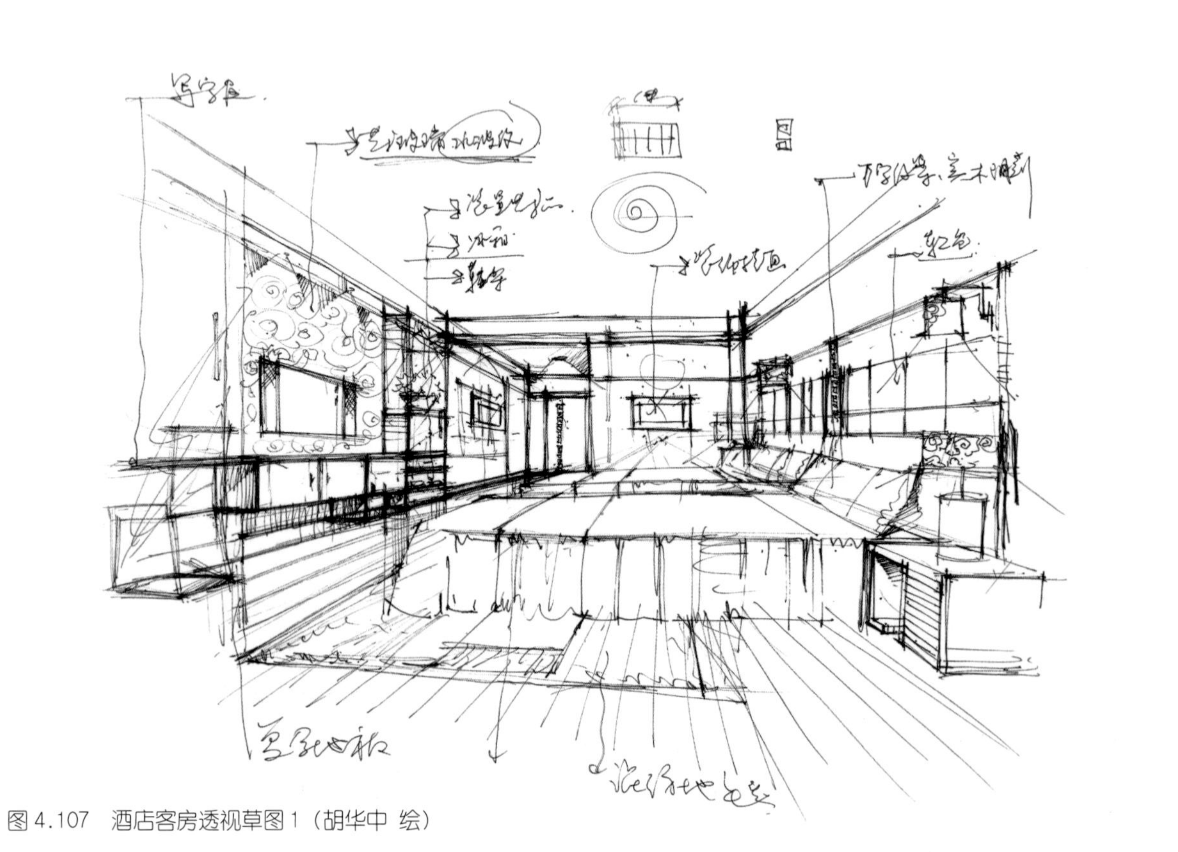

图 4.107　酒店客房透视草图 1（胡华中 绘）

【图 4.108 视频】

图 4.108 酒店客房透视草图 2（胡华中 绘）

七、其他公共空间表现

除了餐饮空间、音乐餐吧空间、接待前台、展示空间、酒吧空间等空间以外，还有办公空间、休闲会所、售楼部、商场、游泳馆等公共空间。手绘表现时需要考虑不同类型的空间氛围，例如会所空间一般色彩偏暗，游泳馆空间色彩偏亮，办公空间色彩偏灰。其他公共空间表现如图 4.109～图 4.114 所示。

图 4.109　售楼部室内通道景观表现（闫杰 绘）

图 4.110　办公室过道空间表现（尚龙勇 绘）

图 4.111 半室内游泳馆表现（陆守国 绘）

【图 4.112 视频】

图 4.112 休闲会所表现（胡华中 绘）

图 4.113　办公室办公区表现（李静 绘）

图 4.114　办公室休息区表现（尚龙勇 绘）

本章小结

本章系统地讲解了室内不同空间设计的手绘效果图表现技巧，从单体表现到线稿和色稿表现，着重讲解方法和规律，并结合丰富的室内手绘效果图案例讲解室内设计知识，突出手绘效果图的价值和内涵。同时，本章对多种具有代表性的空间加以剖析，使室内手绘表现和建筑、园林景观手绘表现方法融会贯通。

习 题

1. 思考室内设计手绘效果图的意义和价值。
2. 绘制平行透视和成角透视立方体各 30 个。
3. 绘制室内单体 20 个。
4. 绘制室内单体组合 10 组。
5. 绘制室内平面图 5 幅。
6. 绘制室内空间效果图 30 幅。